"十二五"职业教育国家规划教材
经全国职业教育教材审定委员会审定

气动与液压技术

主编　潘玉山
参编　于跃忠　方四清　倪晓清

机械工业出版社
CHINA MACHINE PRESS

本书是经全国职业教育教材审定委员会审定的"十二五"职业教育国家规划教材,是根据教育部于2014年公布的中等职业学校相关专业教学标准编写而成的。本书的主要内容有气压与液压传动实例、工作介质及流体传动技术基础认知、气源系统与气动执行元件认知、气动控制元件及控制回路的组建与调试、气动系统的识读与维护、液压源系统与液压执行元件认知、液压控制阀及基本回路的组建与调试和液压传动系统的识读与维护。

本书以项目实践课题为主线,打破传统教材的知识体系,基于项目、任务去整合相关知识点和技能点,让学生在回路或系统中认识气动与液压元件,力求贯彻少而精的原则,体现实用性、先进性和实践性。

本书可作为中等职业学校机械制造技术、机械加工技术、机电技术应用等专业的教材,也可作为机械行业相关技术人员的岗位培训教材及工程技术人员自学用书。

为便于教学,本书配有习题册及两份试卷,独立成册,附夹于主教材中,本书配套习题答案、助教多媒体课件等教学资源,选择本书作为教材的教师可来电(010-88379197)索取,或登录 www.cmpedu.com 网站,注册、免费下载。

图书在版编目(CIP)数据

气动与液压技术/潘玉山主编. —北京:机械工业出版社,2015.5
(2019.1 重印)

"十二五"职业教育国家规划教材

ISBN 978-7-111-50156-5

Ⅰ.①气… Ⅱ.①潘… Ⅲ.①气压传动-职业教育-教材②液压传动-职业教育-教材 Ⅳ.①TH138②TH137

中国版本图书馆 CIP 数据核字(2015)第 094059 号

机械工业出版社(北京市百万庄大街 22 号 邮政编码 100037)
策划编辑:王佳玮 责任编辑:王佳玮 责任校对:张玉琴
封面设计:张 静 责任印制:刘 岚
北京云浩印刷有限责任公司印刷
2019 年 1 月第 1 版第 3 次印刷
184mm×260mm·16.5 印张·401 千字
6001—7900 册
标准书号:ISBN 978-7-111-50156-5
定价:42.00 元

凡购本书,如有缺页、倒页、脱页,由本社发行部调换

电话服务   网络服务
服务咨询热线:010-88379833   机工官网:www.cmpbook.com
读者购书热线:010-88379649   机工官博:weibo.com/cmp1952
                               教育服务网:www.cmpedu.com
封面无防伪标均为盗版   金 书 网:www.golden-book.com

前　言

本书是根据教育部《关于中等职业教育专业技能课教材选题立项的函》（教职成司〔2012〕95号），由全国机械职业教育教学指导委员会和机械工业出版社联合组织编写的"十二五"职业教育国家规划教材，是根据教育部于2014年公布的中等职业学校相关专业教学标准编写而成的。

本书在比较全面地阐述气动与液压技术基本概念的基础上，依据"以应用为目的，以必需、够用为度，以讲清概念、强化应用为教学重点"的原则，体现职业教育教学内容的实用性、先进性和实践性，突出对学生应用能力和综合素质的培养。本书有以下特点：

1. 以项目实践课题为主线，便于理论与实践一体化教学法的应用，更具实用性。每个教学任务包括【任务描述】、【实践课题】、【知识链接】、【疑难诊断】、【总结评价】、【知识拓展】、【课后思考】等内容。

2. 打破传统教材的知识体系，基于项目、任务去整合相关知识点和技能点，让学生在回路或系统中认识气动与液压元件。

3. 准确定位中职层次培养要求，同时注意其与高职和本科层次相关课程的对接与区分。

4. 与传统教材相比，注重新知识、新技术的引入，如元件图形符号采用最新国家标准GB/T 786.1—2009；新增了真空元件、液压泵站、比例阀等知识。

5. 改变传统教材单纯研究气动与液压回路的不足，引入继电控制和PLC控制技术，将气动与液压和电气控制结合起来。

6. 大量引入生活实例，增强教材的通俗性、可读性等。

7. 考虑到不同学校的特点，教材具备普适性和可操作性。

8. 为方便教学，本书配有习题册及两份试卷，供练习及考试用。

本书的学时数为56学时，各单元学时的分配见下表（供参考）。

项　　目	学　时　数	项　　目	学　时　数
项目一	2	项目五	4
项目二	6	项目六	6
项目三	4	项目七	12
项目四	18	项目八	4

本书由潘玉山担任主编，项目二、三、四、五、七由潘玉山编写；其他部分由于跃忠、方四清、倪晓清编写。

本书经全国职业教育教材审定委员会审定，评审专家对本书提出了宝贵的建议，在此对他们表示衷心的感谢！本书在编写过程中得到有关兄弟学校老师，以及江苏晨光液压件制造有限公司、无锡气动技术研究所有限公司等企业技术人员的大力支持和帮助，陈静老师对书稿进行了校对，在此一并表示感谢。

由于编者水平有限，书中不妥之处在所难免，恳请读者批评指正。

编　者

目 录

气动与液压技术习题册

项目一

气压与液压传动实例

项 目 描 述

气动与液压技术已广泛应用于日常生活和生产中，如液压挖掘机（见图 1-1a）、液压千斤顶、气动风镐、公交车气动车门等机构分别利用液压或气动系统完成铲斗的各种抓取动作、物体提升动作、对混凝土的冲击动作和车门启闭动作等。图 1-1 所示为液压挖掘机和气动风镐。

a)

b)

图 1-1　液压与气压应用实例

a）液压挖掘机　b）气动风镐

从传动方式看，气压与液压传动同机械传动（如齿轮传动、带传动等）、电气传动（如伺服电动机、直流电动机等）一样，并无本质上的区别，都是实现原动机的能量向执行装置传递，只是能量转换或传递方式不一致。图 1-2 所示为气压与液压传动系统能量转化关系。

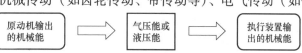

图 1-2　气压与液压传动系统能量转化关系

正是由于这种能量转换，使气压与液压传动具备了区别于其他传动方式的特点，这种传动方式也因此具有了更加广阔的应用前景。

无论是采用液压还是气压传动，为使执行装置完成特定动作，必须考虑用多大的力，确定完成工作所需的时间，以及考虑工作方向。例如，对于液压千斤顶，必须考虑它向何方向、以怎样的速度、举起多重的物体等问题。因此，工作力、运动速度和动作方向的调节与控制是液压和气动系统的关键。

本项目从实例出发，以能量传递为主线，分别介绍气压与液压传动系统工作过程。

1. 理解气压与液压传动的基本原理。
2. 熟悉气动与液压系统的组成。
3. 熟悉气动与液压技术的应用及特点。
4. 认识气动与液压系统的结构原理图和系统原理图。

任务1　通过液压千斤顶了解液压传动

任务描述

要认识液压系统，必须从具体实例入手，解析液压系统的工作过程。本任务通过深入观察液压千斤顶的工作过程并进行操作，探讨液压系统是如何进行能量转换、如何实现执行装置动作要求的。在此基础上，归纳总结液压系统的主要构成，熟悉液压传动系统的应用特点。

实践课题

观察液压千斤顶的工作过程

1. 液压千斤顶及其结构原理图（图1-3）

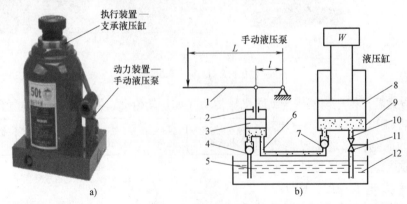

图1-3　液压千斤顶

a）实物图　b）结构原理图

1—手柄　2—小液压缸　3—小活塞　4、7—单向阀　5、6、10—管道
8—大活塞　9—大液压缸　11—放油阀　12—油箱及液压油

2. 回路（结构）分析

从结构原理图上可以看出，液压千斤顶主要由手动液压泵、大液压缸、油箱、控制阀等。液压油被封闭于系统内部，千斤顶随着液压油的流动实现提升、复位动作。

如图 1-4a 所示，当手柄 1 向上抬起时，带动小活塞 3 向上运动。因为两缸体形成的连通空间为封闭空间，小活塞 3 向上运动时，活塞下腔密封容积增大，形成局部真空，单向阀 4 打开，单向阀 7 闭合，在大气压力的作用下，油液从油箱 12 中吸入小液压缸。如图 1-4b 所示，当手柄压下时，其下腔密封容积减小，油压升高，单向阀 4 关闭，单向阀 7 打开，小液压缸中的油液被压入大液压缸中，压入大液压缸的油液将大活塞 8 顶起，并顶起重物。这样反复多次，即可把重物举起到一定的高度。若打开放油阀 11，则大液压缸的油液会经放油阀 11 流回油箱，重物就向下移动。

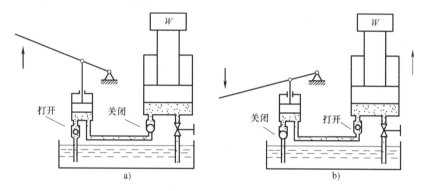

图 1-4　液压千斤顶

a）手动液压泵吸油过程　b）手动液压泵压油过程（重物提升过程）

3. 实施步骤

1）在教师的指导下，结合液压千斤顶实物，读懂其结构原理图。

2）教师示范液压千斤顶的工作过程。

3）实践并分析液压千斤顶的提升过程和复位过程。

4）探究提升力和提升速度与哪些因素有关。

5）归纳液压千斤顶液压系统的构成，完成表 1-1。

表 1-1　液压系统总结

问题	实现什么动作	动力来源	如何控制物体的提升速度	如何控制上升与下降	物体重量与用力的关系
你的回答					
主要结论					

 知识链接

1. 液压传动工作原理

液压传动是以液体为工作介质，利用液压能进行能量传递和控制的一种传动形式。其实质就是一种能量转换装置。

例如，液压千斤顶是借助手柄的上下摇动，将人力的机械能转化为液压能，液压能借助油液的流动推动重物作提升运动，即将液压能转化为机械能。

2. 液压传动系统的组成

把本例中的液压千斤顶与汽车修理厂的汽车液压举升机器结合在一起，可将液压传动系统归纳为以下几个部分。

（1）动力元件　动力元件是把原动力（如人力或电动机）输入的机械能转换成液体压力能的装置，如千斤顶中的手动液压泵。

（2）执行元件　执行元件是把液体的压力能转换成机械能的装置，如千斤顶中的支承液压缸。

（3）控制元件　控制元件是对系统中液体的压力、流量和流动方向进行控制和调节的装置，如千斤顶中的放油阀等。

（4）辅助元件　辅助元件是用来输送液体、储存液体、净化液体等，以保证系统可靠、稳定地工作的装置，如千斤顶中的油箱等。

（5）工作介质　工作介质是传递能量的液体，如千斤顶中的液压油。

3. 液压传动的优点与缺点

与机械传动和电气传动相比，液压传动有如下优点：

1）液压传动运动平稳，易实现快速起动、制动和频繁换向。

2）在运行过程中可实现无级调速，调速范围大。

3）与电气、电子控制结合，液压传动具有操作控制方便、省力等特点，易于实现自动控制、中远距离控制和过载保护。

4）在同等输出功率下，液压传动装置具有体积小、重量轻、惯性小、动态性能好等特点。

液压传动的缺点如下：

1）在传动过程中，能量需经过两次转换，传动效率低。

2）液压传动的工作介质对温度的变化比较敏感，其工作稳定性易受温度变化的影响，不宜在高温和温度变化很大的环境中工作。

3）液压元件制造精度高，系统出现故障时不易诊断。

疑难诊断

问题 1：液压千斤顶是如何调节提升速度的？

答：液压千斤顶通过改变手柄摇动的频率来改变运动速度，即通过改变手动泵单位时间的供油量来调节提升速度。

问题 2：液压千斤顶作提升运动时，物体却不运动，可能的原因是什么？

答：可能的原因如下：

1）物体太重，或者作用在手柄上的力不足。

2）放油阀没有关上。

3）单向阀被卡住，油液不能进入大液压缸。

4）液压缸存在严重内泄漏（即液压缸上下腔密封不严）。

总结评价

通过以上学习，对实践课题完成情况和相关知识的了解情况作出客观评价，并填写表1-2。

表 1-2　通过液压千斤顶了解液压传动任务评价

序号	评价内容	达标要求	自评	组评
1	液压传动工作原理	熟悉液压能，并明确其与机械能等的区别		
2	液压系统的组成	熟悉液压系统的组成及各组成部分的主要作用，能结合实例描述液压系统的各组成部分		
3	液压系统的应用特点	能结合实例说出液压系统的主要优、缺点		
4	简单故障的排除	形成液压系统故障的概念		
5	文明实践活动	遵守纪律，按规程活动		
总体评价				
再学习评价记载				

注：评价结果有 "A""B""C" 三个等级，A 为能熟练达到相关要求，B 为基本能达到相关要求，C 为不能达到相关要求（后同）。

知识拓展

液压技术发展史

液压技术是根据 17 世纪法国物理学家布莱士·帕斯卡（图 1-5）提出的液体静压力传动原理而发展起来的一门新兴技术，并在工、农业生产中广为应用。

1795 年，英国的约瑟夫·布拉曼（Joseph Braman，1749—1814 年）在伦敦用水作为工作介质，以水压机的形式将其应用于工业上，诞生了世界上第一台水压机。1905 年，他将工作介质——水改为油，使压机性能进一步得到了改善。图 1-6 所示为我国第一台水压机。

图 1-5　帕斯卡

图 1-6　我国第一台水压机

第一次世界大战（1914—1918 年）以后，液压传动技术得到了广泛应用，特别是 1920 年以后，其发展更为迅速。液压元件大约在 19 世纪末 20 世纪初的 20 年间，开始进入正规的工业生产阶段。1925 年，维克斯（F. Vikers）发明了压力平衡式叶片泵，为近代液压元件工业以及液压传动的逐步建立奠定了基础。第二次世界大战（1941—1945 年）期间，军事工业需要反应快、动作准确的自动化系统，也促进了液压技术的发展。

20 世纪 60 年代以来，随着原子能、空间技术、计算机技术的发展，液压传动技术得到了很大提升，并渗透到各个工业领域中，开始向高压、高速、大功率、低噪声、低能耗、经久耐用和高度集成化等方向发展。同时，新型液压元件和液压系统的计算机辅助设计、机电一体化技术、计算机仿真和优化技术等也是当前液压传动和控制发展的研究方向。

课后思考

1. 结合工业生产中的其他液压设备，简述液压传动系统的各个组成部分，以及各部分的具体作用。

2. 除本任务提到的设备外，你还能说出哪些用于工程或工业生产的液压设备？

任务 2　通过剪切机了解气压传动

任务描述

从本质上讲，气压传动与液压传动属于同一种类型的传动方式，即流体传动。因此，在认识气动系统时，可借助于已经认识的液压系统，去探究气动系统的组成和应用特点。本任务主要认识一种通用的气动设备——气动剪床。

实践课题

观察气动剪床的工作过程

1. 气动剪床及其结构原理图（图 1-7）

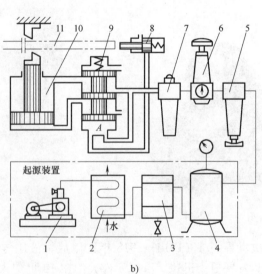

图 1-7　气动剪床

a）实物图　b）气动系统结构原理图

1—空气压缩机　2—后冷却器　3—流体分离器　4—气罐　5—空气过滤器　6—减压阀
7—油雾器　8—行程阀　9—气控换向阀　10—气缸　11—工料

2. 回路（结构）分析

剪床通过剪刀作剪切运动，完成对工料的切割。剪切运动由气缸带动，气缸运动的控制由气阀完成，气阀所需要的洁净压缩空气由气源装置提供。

在图 1-7b 所示的状态下，空气压缩机 1 产生的压缩空气经后冷却器 2、流体分离器 3、气罐 4、空气过滤器 5、减压阀 6、油雾器 7 等气源净化装置和气控换向阀 9（此时，换向阀阀芯被推到上位），进入气缸 10，气缸有杆腔充气，活塞处于下位，剪床的剪口张开。当送料机构将工料 11 送入剪床并达到规定位置时，工料将行程阀 8（也可采用踏板式换向阀）的阀芯推向右位，气控换向阀 9 阀芯下部与大气相通，阀芯在弹簧的作用下被推向下位，气缸无杆腔通气，活塞上移，并带动剪刀作向上运动，将工料切下，如图 1-8 所示。工料被剪下后，行程阀 8 复位，系统又恢复到图 1-7b 所示位置，准备进行第二次剪切。

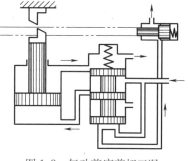

图 1-8　气动剪床剪切工况

3. 实施步骤

1）学生在教师指导下进行实地观察，或者教师在实训室演示气动剪床的工作过程，读懂其气动系统的结构原理图。

2）在教师指导下，了解剪床气动系统的主要元件。

3）观察并分析剪切过程和复位过程。

4）明确剪切速度、剪切力的控制和调节方法。

5）归纳气动系统的构成，完成表 1-3。

表 1-3　气动系统总结

问题	实现什么动作	动力来源	如何控制剪刀的移动速度	如何控制剪刀的移动方向	系统压力与什么有关
你的回答					
主要结论					

知识链接

1. 气压传动工作原理

气压传动与液压传动相似，只是工作介质不相同。气压传动是以空气为工作介质，利用气压能进行能量传递和控制的一种传动形式。其实质也是一种能量转换装置。

2. 气压传动系统的组成

根据上述实践进行分析，并结合液压传动系统的组成，可知气压传动系统主要由气源设备、气动执行元件、控制元件、辅助元件和工作介质——空气五部分组成。图 1-9 所示为气动系统基本构成框架图。

3. 气压传动的优点与缺点

与液压传动相比，气压传动的主要优点如下：

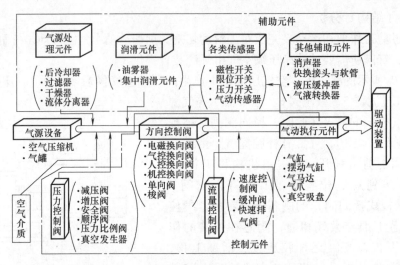

图 1-9 气动系统基本构成框架图

1）工作介质为空气，来源经济方便，用过之后可直接排入大气，不污染环境。

2）由于空气流动损失小，压缩空气可以集中供气，作远距离输送。

3）具有动作迅速、反应快、管路不易堵塞的特点，且不存在介质变质、补充和更换等问题。

4）对环境适应性好，安全等级低，可用于易燃易爆场所。

5）气压传动装置结构简单、重量轻，安装维护方便。

6）气压传动系统能实现过载自动保护。

资料卡

采用集中供气可以实现一个车间或一个企业内所有气动设备共用一个气源装置的目标，避免了液压传动中一台液压设备至少配备一个液压源的缺陷。这样不仅节约资源，而且给气动设备的设置、维护等带来了方便。这类似于日常用电中采用的集中供电方式。

气压传动的主要缺点如下：

1）由于空气具有可压缩性，所以气缸的动作速度受负载的影响比较大。

2）系统工作压力较低（一般为 0.4~0.8MPa），系统输出动力较小。

3）工作介质——空气没有自润滑性，需要另设装置进行给油润滑。

疑难诊断

问题：气动剪床作剪切动作，但不能切割工料，可能的原因有哪些？

答：可能的原因如下：

1）系统压力不足。此时可调节减压阀，提高供气系统压力。

2）工料太厚或太硬、太宽，超过系统加工范围。

总结评价

通过以上学习，对实践课题的完成情况和相关知识的了解情况作出客观评价，并填写表 1-4。

表 1-4　通过气动剪床了解气压传动任务评价

序号	评价内容	达标要求	自评	组评
1	气压传动工作原理	熟悉气压能,并明确机械能、液压能等与气压能的区别		
2	气压系统的组成	熟悉气压系统的组成以及各组成部分的主要作用,能结合实例描述气压系统各组成部分		
3	气压系统的应用特点	能结合实例说出气压系统的主要优、缺点		
4	简单故障的排除	了解气动系统故障的概念		
5	文明实践活动	遵守纪律,按规程活动		
总体评价				
再学习评价记载				

知识拓展

气动技术的发展历史

2200 年前,希腊人克特西比乌斯制造了一门空气弩炮,成为使用气动技术的第一人。我国使用气动技术的历史大约可以追溯到古人利用风箱产生压缩空气用于助燃(图 1-10)。后来,人们懂得了用空气作为工作介质传递动力做功,如古代利用自然风力推动风车、利用水车提水灌溉(图 1-11)和利用风能航海。

图 1-10　古人利用风箱助燃的场景

图 1-11　利用风力推动水车场景

从 18 世纪的工业革命开始,气压传动逐渐被应用于各行业中,如矿山用的风钻、火车的制动装置、汽车的自动开关门装置等。然而,气压传动应用于一般工业则是近些年的事情。自 20 世纪 60 年代以来,随着工业机械化和自动化的发展,世界各国都把气压传动作为一种低成本的工业自动化手段应用于工业领域。尽管大多数气动元件由液压元件改造或演变而来,但目前气动元件的发展速度已超过了液压元件,气压传动已成为一个独立的专业技术领域,并呈现出如下发展趋势。

(1)小型化、节能化　小型化是气压传动技术的主要发展趋势。微型气动元件不但被用于机械加工及电子制造业,而且被用于制药业、医疗技术、包装技术等。图 1-12 所示为气动机械手臂。

（2）组合化、集成化　最常见的组合是带阀、带开关气缸。在物料搬运中，还使用了气缸、摆动气缸、气动夹头和真空吸盘的组合体，同时配有电磁阀、程控器，其结构紧凑、占用空间小且行程可调。

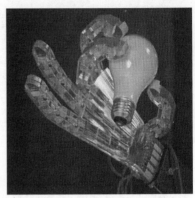

图 1-12　气动机械手臂

（3）精密化　为了使气缸的定位更精确，使用了传感器、比例阀等实现反馈控制，定位精度可达 0.01mm。在气源处理中，过滤精度为 0.01mm、过滤效率为 99.9999% 的过滤器，以及灵敏度为 0.001MPa 的减压阀均已被开发出来。

（4）高速化　目前，国产气缸活塞的运动速度范围为 50~1000mm/s，今后要求气缸的活塞速度进一步提高，达到国外同类产品水平，并且在运行中要避免冲击和爬行。

（5）智能化　智能气动装置是指具有集成微处理器，并具有处理指令和程序控制功能的元件或单元。最典型的智能气动装置是内置可编程序控制器的阀岛，以阀岛和现场总线技术的结合实现的气电一体化是目前气动技术的一个发展方向。

课后思考

1. 结合工业生产中的其他气动设备，说出气压传动系统的各组成部分，以及各部分的具体作用。

2. 对比分析气压传动和液压传动的优点与缺点，并填写表 1-5。

表 1-5　气压传动与液压传动优缺点比较

比较方面	介质来源	传送距离	传动速度	传递载荷	环境保护	环境适应性	系统维护
气压传动							
液压传动							

3. 除了本任务所述气动剪床外，你还能说出哪些气动设备？

项 目 二

工作介质及流体传动
技术基础认知

项 目 描 述

　　流体传动包括液体传动和气体传动。液压传动工作介质采用液压油或其他合成液体，气压传动所用的工作介质是空气。尽管液体和气体均属于流体，具有共性特点，但由于这两种流体的性质不尽相同，所以气压与液压传动又各有其特点。因此，掌握气动与液压技术，理清传动过程中出现的现象，解决传动过程中存在问题，首要的任务是了解工作介质，以及与工作介质相关的力学特性。

　　压力和流量是流体静力学和运动学中两个最基础的研究对象，它们也是流体传动中两个最重要的参数，直接影响传动系统执行元件的工作力和运动速度。

　　基于以上分析，本项目分 3 个任务分别认识液压油、空气、压力和流量，以及与其相关的知识。

学 习 目 标

　　1. 理解液压油的黏性的概念，能识别液压油的牌号，了解其类型，并能正确选用液压油。

　　2. 熟悉液压油污染的主要途径及其防范措施，了解液压油净化的常用方法。

　　3. 了解空气的性质，理解气动系统对空气质量的要求，熟悉常规空气净化措施。

　　4. 熟悉压力、压力特性、压力损失的概念和压力传递原理，理解工作压力取决于负载，会测定系统压力。

　　5. 熟悉流量、流速、小孔缝隙流量的概念，以及连续性原理，理解液压缸的运动速度取决于流量，会测定管路中工作介质的流量。

　　6. 熟悉气动和液压元件图形符号。

任务1   认识液压油及其净化措施

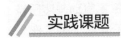 **任务描述**

　　液压油有很多种类型和型号供选择，用手接触这些油液时，会感觉它们有的"稀"些，有的"稠"些；人们常说"液压油的温度过低，黏度高，不利于液压泵吸入"；也常看到液压设备在长时间使用后，设备维护人员更换液压油……可见，使用或维护液压设备时，必须首先了解该设备使用什么类型和型号的液压油。

　　液压油是液压系统最常见的工作介质之一，是液压设备内的"血液"，它具有传递动力、减少元件间的摩擦、隔离磨损表面、虚浮污染物、控制元件表面氧化、冷却液压元件等功能。污染物一旦混入液压系统内，会加速液压元件的磨损、烧伤，甚至破坏；引起液压阀的动作失灵；引起噪声、振动；导致液压缸动作不稳定、爬行、速度下降；或者引起液压泵吸油困难等。据有关统计，液压系统75%以上的故障与液压油有关。因此，液压油是否清洁不仅影响液压系统的工作性能和液压元件的使用寿命，而且直接关系设备能否正常工作。

　　可见，认识液压油的性质，明确如何选用合适的液压油、如何净化液压油等是学习液压技术的基本要求。

实践课题

实践课题1   实地了解市场液压油的类型和型号

实施步骤如下：
1) 在教师指导下，课前去供应液压油的商店，实地调查其可供选用液压油的型号。
2) 询问或查询不同液压油的型号或牌号及其应用场合。
3) 教师进行液压油黏度测定演示。
4) 探讨液压油型号或牌号的含义，以及温度和压力对其影响。
5) 完成表2-1。

表2-1　实地了解液压油的类型和型号总结

液压油型号或牌号	表象特点	应用场合举例	含义	受温度和压力的影响
主要结论				

实践课题2   实地观察液压设备中液压油的净化措施

实施步骤如下：
1) 在教师或他人帮助下，选择周边一液压设备。
2) 实地了解该设备所使用液压油的型号或牌号。
3) 实地了解该设备防止液压油污染所采取的措施。

4）完成表2-2。

表2-2 实地观察液压设备中液压油的净化措施总结

液压设备名称	使用液压油的型号或牌号	防止液压油污染的措施		
		1	2	3
主要结论				

知识链接

1. 黏性与黏度

（1）黏性　液体可以看成由若干个彼此相连的分子组成，液体分子间存在一种内聚力（即液体内部分子之间引力的作用效果），当液体在外力作用下流动时，其内聚力会产生一种阻碍液体分子之间进行相对运动的内摩擦力。液体这种产生内摩擦力的性质称为液体的黏性。正是由于这种内摩擦力的存在，当把手从液体中抽出时，会沾（或"黏"）上液体。

> **资料卡**
>
> 　　分别将一滴水、一滴液压油、一滴轴承油滴在玻璃上，然后使玻璃倾斜。由于内摩擦力不同，这三种液体流动的速度是不同的。速度快，则内摩擦力小，黏性小。

试验表明，液体流动时，相邻液层的内摩擦力 F 与液层面积 A、液层间相对运动速度梯度 du/dy 成正比，即

$$F = \mu A \frac{du}{dy} \tag{2-1}$$

式中　μ——比例系数，称为动力黏度。

当 $du/dy = 0$ 时，内摩擦力 $F = 0$。这表明液体只有在流动时才会呈现出黏性，静止状态的液体是不呈现黏性的。

> **资料卡**
>
> 　　关于黏性和黏度，可以联想到弹簧的弹性和倔强系数。弹簧处于自然状态时不呈现弹性，当其受拉压时才表现出弹性。弹簧的倔强系数是衡量弹簧弹性大小的尺度。

（2）黏度　黏度是用来衡量黏性大小的尺度。黏度是选择液压传动用液体的主要指标，是流动液体的重要物理性质。液体的黏度通常有三种不同的测试单位。

1）动力黏度 μ。它是表征液体黏性的内摩擦力系数，其物理意义是当速度梯度 $du/dy = 1$ 时，单位面积上的内摩擦力的大小，即

$$\mu = \frac{\dfrac{F}{A}}{\dfrac{du}{dy}} \tag{2-2}$$

动力黏度的国际单位制（SI）计量单位为牛顿·秒/米^2（N·s/m^2）或帕·秒（Pa·s）。

2）运动黏度 ν。运动黏度是动力黏度 μ 与密度 ρ 的比值，即

$$\nu = \frac{\mu}{\rho} \tag{2-3}$$

在我国法定计量单位制及 SI 制中，运动黏度 ν 的单位为 m^2/s，由于该单位偏大，实际中常用 cm^2/s 或 mm^2/s。

3）相对黏度。相对黏度是以相对于蒸馏水的黏性的大小来表示液体的黏性。相对黏度又称条件黏度。各国采用的相对黏度单位有所不同，有的用赛氏黏度，有的用雷氏黏度，我国采用恩氏黏度。

资料卡

　　恩氏黏度的测定方法如下：用恩氏黏度计测定 $200cm^3$ 某一温度的被测液体在自重作用下流过 $\phi2.8mm$ 小孔所需的时间 t_1，然后测出同体积的蒸馏水在 20℃ 时流过同一孔所需时间 t_2（$t_2 = 50 \sim 52s$），t_1 与 t_2 的比值即为该液体的恩氏黏度值。恩氏黏度用符号 $°E$ 表示。被测液体温度 t℃ 时的恩氏黏度用符号 $°E_t$ 表示，$°E_t = t_1/t_2$。

（3）黏度与温度压力关系　液体黏度对温度十分敏感，温度升高，黏度明显降低。这种液体的黏度随温度变化而变化的特性称为黏温特性。由于温度对液压油黏度的影响较大，因此，黏温特性的重要性不亚于黏度本身。

在一般情况下，压力对黏度的影响比较小，当压力低于 5MPa 时，黏度值的变化很小，可以不予考虑。

资料卡

　　我们有这样的体验：当给油液加热时，油将由"稠"变"稀"；同样，在低温的情况下，油会变得"稠"些。这种油液"稀稠"的变化就是油液黏度在发生变化，"稠"的油液，其黏度大些。

2. 液压系统工作介质的类型及液压油的牌号

（1）工作介质的分类　润滑剂、工业用油和相关产品（L 类）和 H 组（液压系统）产品详细分类见表 2-3。

表 2-3　工作介质的分类

组别符号	应用范围	特殊应用	产品符号	组成和特性	具体应用	典型应用
H	液压系统	液体静压系统	HH	无抑制剂的精制矿油		
			HL	精制矿油，并改善其防锈和抗氧化性		
			HM	HL 油，并改善其抗磨性		有高负荷部件的一般液压系统
			HR	HL 油，并改善其粘温特性		
			HV	HM 油，并改善其粘温特性		建筑和船舶设备
			HS	无特定难燃性合成液		
			HETG	甘油三酸酯	用于要求使用环境可接受液压油的场合	一般液压系统（可移动式）
			HEPG	聚乙二醇		
			HEES	合成脂		
			HEPR	聚 α 烯烃和相关烃类产品		
			HG	HM 油，并具有粘-滑特性	液压导轨系统	液压和滑动轴承导轨润滑系统合用的机床在低速下使振动或间断滑动（粘-滑）减为最小

（续）

组别符号	应用范围	特殊应用	产品符号	组成和特性	具体应用	典型应用
H	液压系统	液体静压系统	HFAE	水包油乳化液	用于使用难燃液压油的场合	
			HFAS	化学水溶液		
			HFB	油包水乳化液		
			HFC	含聚合物水溶液		
			HFDR	磷酸脂无水合成液		
			HFDU	其他成分的无水合成液		
		流体动力系统	HA		自动传动系统	
			HN		耦合器和变矩器	

液压系统工作介质的品种以其代号和后面的数字组成，如 ISO—L—HV32 或用缩写 L—HV32，代号中，L 表示润滑剂、工业用油和相关产品，HV 表示液压系统用的工作介质产品符号，数字表示该工作介质的粘度等级。

（2）液压油的牌号　液压油的牌号上所标明的号数是指该液压油在温度为 40℃ 时，其运动黏度 ν（以 mm^2/s 为单位）的中心值。例如，牌号为 L-HL32，表明该液压油在 40℃ 时的运动黏度 ν 的平均值是 $32mm^2/s$。

3. 液压油的选用

选用液压油时，可以液压设备生产厂样本和说明书中推荐的牌号为依据，或者根据液压系统的工作压力、工作温度、液压元件种类及经济性等因素全面考虑。通常先确定适当的黏度范围，一般在 $(10\sim60)\times10^{-6}m^2/s$ 之间，再选择合适的液压油。

选用液压油时，黏度是一个重要的参数。黏度的高低将影响运动部件的润滑、缝隙的泄漏，以及流动时摩擦、系统发热温升等。因此，在环境温度较高，工作压力大时，为减少泄漏损失，应选用黏度较高的液压油；在运动速度快，为减少摩擦损失，则应选用黏度较低的液压油。

除黏度外，液压油的润滑性能、化学稳定性、对金属材料的锈蚀性和腐蚀性、闪点和燃点等性能指标，也是选用液压油时需要考虑的因素。

4. 液压油的净化设施——过滤器

（1）过滤器的类型　过滤器的功用是过滤混在液压油中的杂质，降低进入系统中的油液的污染度，保证系统正常地工作。常见过滤器的类型、图形符号及特点见表 2-4。

表 2-4　常见过滤器的类型、图形符号及特点

类型		名称及结构简图	图形符号[1]	特点
表面型	网式过滤器			1. 过滤精度与铜丝网层数及网孔大小有关。压力管路中常用 100 目、150 目、200 目（每英寸长度上的孔数）的铜丝网，液压泵吸油管路中常采用 20~40 目的铜丝网 2. 压力损失不超过 0.004MPa 3. 结构简单、通流能力大、清洗方便，但过滤精度低

（续）

类型		名称及结构简图	图形符号①	特　点
表面型	线隙式过滤器			1. 滤芯由绕在心架上的一层金属线组成,依靠线间的微小间隙挡住油液中的杂质 2. 压力损失为 0.03~0.06MPa 3. 结构简单、通流能力大、过滤精度高,但滤芯材料强度低、不易清洗 4. 用于低压管道中,当用在液压泵吸油管中时,其流量规格宜选得比泵大
深度型	纸芯式过滤器			1. 结构与线隙式相同,但滤芯为平纹或波纹的酚醛树脂或木浆微孔滤纸制成的纸芯。为了增大过滤面积,纸芯常制成折叠形 2. 压力损失为 0.01~0.04MPa 3. 过滤精度高,但堵塞后无法清洗,必须更换纸芯,通常用于精过滤
	烧结式过滤器			1. 滤芯由金属粉末烧结而成,利用金属颗粒间的微孔挡住油中的杂质通过。改变金属粉末颗粒的大小,可以制出不同过滤精度的滤芯 2. 压力损失为 0.03~0.2MPa 3. 过滤精度高,滤芯能承受高压,但金属颗粒易脱落,堵塞后不易清洗 4. 适用于精过滤
吸附型	磁性过滤器			1. 滤芯由永久磁铁制成,能吸住油液中的铁屑、铁粉、带磁性的磨料 2. 常与其他形式的滤芯合起来制成复合式过滤器 3. 适用于加工钢铁件的机床液压系统

① 元件的图形符号只表示元件的职能及连接通路,而不表示其结构和性能参数,也不表示元件在机器中的实际安装
位置。液压元件图形符号绘制方法详见后续各项目或附录 A 或 GB/T 786.1—2009。

（2）过滤器的选用 选用过滤器时，要考虑下列几点：

1）过滤精度应满足预定要求。

2）能在较长时间内保持足够的通流能力。

3）滤芯具有足够的强度，不因液压力而损坏。

4）滤芯的耐蚀性好，能在规定的温度下持久地工作。

5）滤芯清洗或更换简便。

资料卡

过滤器的主要技术参数有过滤精度（μm）、处理量（m²/h）、最高工作压力（MPa）和最高工作温度（℃）。

因此，应根据液压系统的技术要求，按过滤精度、通流能力、工作压力、油液黏度、工作温度等条件选定过滤器的型号。

（3）过滤器的安装位置 对液压系统来说，为保证液压系统内油液的洁净程度，主要是控制系统的"进口"和"出口"，即油液进入系统前的净化和油液回到油箱前的净化。因此，过滤器在液压系统中的安装位置通常有以下几种形式：

1）安装在泵的吸油口处。泵的吸油路上一般都安装有表面型过滤器，目的是滤去较大的杂质微粒以保护液压泵。此外，过滤器的过滤能力应为泵流量的 2 倍以上，压力损失应小于 0.02MPa。如图 2-1 所示的过滤器 1。

2）安装在泵的出口油路上。在此处安装过滤器的目的是滤除可能侵入阀类等元件的污染物。其过滤精度应为 10~15μm，且能承受油路上的工作压力和冲击压力，压力降应小于 0.35MPa。如图 2-1 所示的过滤器 2。

3）安装在系统的回油路上。这种安装方式起间接过滤作用。如图 2-1 所示的过滤器 4。

液压系统中除了整个系统所需的过滤器外，还常常在一些重要元件（如伺服阀、精密节流阀等）的前面单独安装一个专用的精过滤器来确保它们的正常工作。

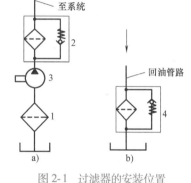

图 2-1 过滤器的安装位置

a）安装在泵的吸油口处 b）安装在泵的出口油路上
1—安装在液压泵吸油处的过滤器 2—安装在液压泵出口处带旁路单向阀的过滤器 3—液压泵
4—安装在回油口处带旁路单向阀的过滤器

疑难诊断

问题：在液压系统回油处设置过滤器后，若使用过程中过滤器出现局部堵塞或完全堵塞会产生什么后果？如何处理？

答：这种情况的直接影响是造成系统回油阻力增加或急剧增加，从而间接造成过滤器损坏，系统工作压力升高，系统压力元件或电气元件误动作等，使系统不能正常运行。为了避免上述影响，除了要定期检查、及时更换过滤器或滤芯外，通常在设置回油过滤时，还需与过滤器并联安装一个安全阀，如图 2-1b 中的旁路单向阀，当回油过滤器被堵塞时，单向阀打开。

总结评价

通过以上的学习,对实践课题的完成情况和相关知识的了解情况作客观评价,并填写表2-5。

表2-5 认识液压油及其净化措施任务评价

序号	评价内容	达标要求	自评	组评
1	液体的黏性和黏度	熟悉黏性的概念,能说出黏度的不同测试单位,熟悉黏度与温度、压力的关系,会测定液压油的黏度		
2	液压油的类型和选用	了解液压油的类型,熟悉液压油的基本选用原则,能按要求购置合适的液压油		
3	液压油的净化	了解液压油污染的原因,熟悉常见的净化方法,能正确维护净化装置,能绘制净化元件图形符号		
4	文明实践活动	遵守纪律,按规程活动		
总体评价				
再学习评价记载				

知识拓展

1. 液压油污染物的来源

(1)固有污染物 固有污染物主要来自液压系统的管道和液压元件,如液压缸、泵、马达、阀、液压油箱等。若系统在使用前未冲洗干净,则在液压系统工作时,污染物就会进入液压油中。

(2)从外界侵入的污染物 从外界侵入的污染物主要是外界的空气、水、灰尘、固体颗粒等。在液压系统工作过程中,污染物通过液压缸活塞杆、胶管接头、液压油箱等进入液压油中。

(3)内部生成污染物 内部生成污染物主要是在工作过程中,液压油变质后的胶状生成物、涂料及密封件的剥离物、金属氧化后剥落的微粒等。

(4)维护、保养、维修中造成的污染物 此类污染物主要是在设备正常维护保养中更换滤芯和液压油、清洗油箱,维修拆装液压缸、阀等时,进入液压油中的固体颗粒、水、空气、纤维等。

2. 液压油污染的控制

为了确保液压系统工作正常、可靠,减少故障和延长寿命,必须采取有效措施控制液压油的污染。

(1)控制油温 油温过高往往会给液压系统带来以下不利影响:

1)油液黏度下降,使活动部位的油膜破坏,摩擦阻力增大,引起系统发热、执行元件(如液压缸)爬行,可导致泄漏增加,系统工作效率显著降低。

2)油液黏度下降后,经过节流器时其特性会发生变化,使活塞运动速度不稳定。

3)油温过高会引起机件热膨胀,使运动副之间的间隙发生变化,造成动作不灵或卡死,使其工作性能和精度下降。

4)当油温超过55℃时,油液氧化加剧,使用寿命缩短,据资料介绍,当油温超过55℃

后，温度每升高9℃，液压油的使用寿命便缩短一半。对于不同用途和不同工作条件的机器，应有不同的允许工作油温，必要时，应采用适当措施（如风冷、水冷等）控制系统的温度。工程机械液压系统允许的正常工作油温为35~55℃，最高为70℃。

（2）控制过滤精度　为了控制油液的污染度，要根据系统和元件的不同要求，分别在吸油口、压力管路、伺服调速阀的进油口等处，按照要求的过滤精度设置过滤器，以控制油液中的颗粒污染物，使液压系统性能可靠、工作稳定。过滤器的过滤精度一般按系统中对过滤精度敏感性最大的元件来选择。

（3）定期清洗　控制油液污染的另一个有效方法是定期清除滤网、滤芯、油箱、油管及元件内部的污垢。在拆装元件、油管时也要注意清洁，对所有油口都要加堵头或塑料布密封，以防止脏物侵入系统。

为控制液压油污染，还应定期过滤油液、控制其使用期限。

课后思考

1. 在我国南方和北方，对于相同的液压设备，在液压油黏度的选择上是否有差异？为什么？

2. 选用液压油时应考虑哪些问题？

3. 简述防止液压系统中液压油污染的措施。

任务2　认识空气及其净化措施

任务描述

自然界中的空气是一种混合物，它主要是由氧气、氮气、水蒸气、其他微量气体和一些杂质（如尘埃、其他固体粒子等）等组成的。

空气是人类赖以生存的要素之一。通过呼吸系统（图2-2），人们吸入空气中的氧气，并把身体中产生的二氧化碳等呼出到大气中。然而，由于大气污染（图2-3）的客观存在，空气中还存在许多人们不需要的物质，因此，人们在吸入空气的过程中，还要通过鼻、喉等器官对空气进行净化、湿润等处理。

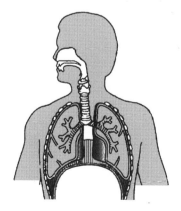

图2-2　呼吸系统

图2-3　大气污染

同样，气动系统也是以空气为工作介质，而空气中存在的水分、油分和灰分等杂质（图2-4）并不是气动系统所需要的，它们的存在将影响气动系统的正常工作：

1）水分会引起金属件的锈蚀，凝结成冰而损坏管道及附件，形成水击现象而破坏管路等。

2）油分会聚集形成爆炸混合物，氧化形成有机酸而腐蚀设备，加速密封件老化等。

3）灰分会使摩擦增大，加速气动元件的磨损；与油气混合，阻塞管路等。

 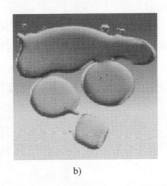 

a)　　　　　　　　　b)　　　　　　　　　c)

图2-4　影响气动系统的空气中的杂质
a）水分　b）油分　c）灰分

因此，空气在进入气动系统之前，必须进行净化处理。空气净化环节是气动系统的重要组成部分。

实践课题

实地观察气动设备压缩空气的净化措施

实施步骤：

1）在教师或他人帮助下，实地选择一家具有气动设备的企业，观察其压缩空气净化设施。

2）在教师或企业员工的指导下，观察空气在进入气动系统过程中的净化流程。

3）探讨气源系统中各种净化设施的作用。

4）完成表2-6。

表2-6　实地观察气动设备压缩空气的净化措施总结

进气前净化设施	进气后净化设施		
	除水分	除油分	除灰分
主要结论			

知识链接

1. 空气的性质

（1）空气的黏性和黏度　同液体的黏性一样，空气的黏性是空气质点相对运动时产生阻力的性质。与液体相比，空气的黏度很小。空气的黏度也受温度的影响，但不同的是，温度变化引起空气黏度的变化和液体黏度变化的方向相反。这主要是由于温度升高后，空气内分子运动加剧，使原本间距较大的分子之间的碰撞增多。

（2）空气的湿度　空气中常含有一定的水蒸气，通常把含有水蒸气的空气称为湿空气，不含有水蒸气的空气称为干空气。在一定温度下，当湿空气中有液态水分析出时，此时的湿空气称为饱和湿空气。

湿空气中所含水分的程度通常用湿度来表示，湿度的表示方法有绝对湿度和相对湿度之分。绝对湿度 x 是指每立方米湿空气中所含水蒸气的质量，用公式表示为

$$x = \frac{m_s}{V} \tag{2-4}$$

式中　m_s——水蒸气的质量（kg）；

　　　V——空气的体积（m^3）。

相对湿度 φ 是指在温度和压强一定的条件下，绝对湿度 x 和饱和绝对湿度 x_b（饱和湿空气的绝对湿度）之比，用公式表示为

$$\varphi = \frac{x}{x_b} \times 100\% \tag{2-5}$$

显然，$\varphi = 0$ 表示干空气，$\varphi = 1$ 表示饱和湿空气。通常情况下，空气的相对湿度为 $60\% \sim 70\%$ 时人体感觉比较舒适，气动技术中规定各种阀的相对湿度应小于 95%。

（3）空气的可压缩性　由于空气分子间的距离大，分子间的内聚力小，体积容易变化，因此与液体相比，空气具有明显的可压缩性。随着温度和压力的变化，空气的体积会发生显著的改变。

2. 气源净化装置

（1）后冷却器　空气压缩机输出的压缩空气温度高达 $120 \sim 180℃$，在此温度下，空气中的水分完全呈气态。后冷却器的作用就是将空压机出口的高温压缩空气冷却到 $40℃$，并使其中的水蒸气和油雾冷凝成水滴和油滴，以便经流体分离器排出。

后冷却器的结构形式有蛇形管式、列管式、散热片式、管套式，其冷却方式有水冷和气冷两种。蛇形管式和列管式后冷却器的结构和图形符号如图 2-5 所示。安装水冷或后冷却器时，应使冷却水的进口靠近冷空气的出口。

（2）流体分离器　流体分离器安装在冷却器出口管道上，它的作用是分离并排出压缩空气中凝聚的油分、水分和灰尘杂质等，使压缩空气得到初步净化。流体分离器的结构形式有环形回转式、撞击折回式、离心旋转式、水浴式，以及以上形式的组合等。

图 2-6a 所示为撞击折回与环形回转组合式流体分离器的结构形式。它的工作原理是：当压缩空气由入口进入分离器壳体后，气流先受到隔板阻挡而被撞击折回向下（如图中箭

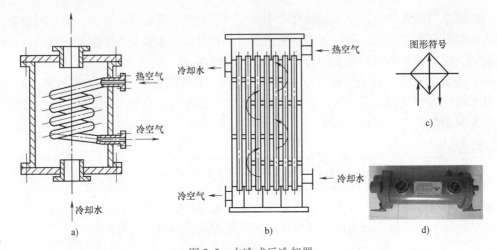

图 2-5　水冷式后冷却器
a）蛇形管式　b）列管式　c）图形符号　d）实物图

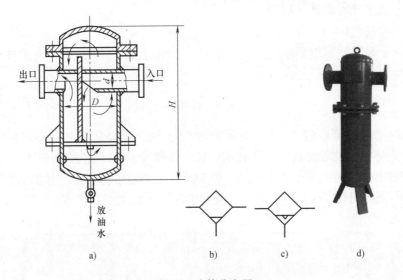

图 2-6　流体分离器
a）结构原理图　b）手动排水流体分离器的图形符号
c）自动排水流体分离器的图形符号　d）实物图

头所示流向），之后又上升产生环形回转，这样凝聚在压缩空气中的油滴、水滴等杂质受惯性力的作用而被分离析出，并沉降于壳体底部，由放水阀定期排出。为提高油水分离效果，应控制气流在回转后上升的速度不超过 0.3~0.5m/s。图 2-6b、c 所示分别为手动排水和自动排水流体分离器的图形符号。

（3）空气过滤器　空气过滤器根据固体物质和空气分子的大小和质量不同，利用惯性、阻隔和吸附的方法将灰尘和杂质与空气分离。

安装在空气压缩机入口位置的过滤器为一次过滤器，用于过滤空气中所含的一部分灰尘和杂物，其滤灰效率为 50%~70%。

图 2-7 所示为安装在空气压缩机输出端的空气过滤器的结构原理图及图形符号。此空气过

滤器也称二次过滤器，其滤灰效率为 70%～90%。当压缩空气从输入口进入后，被引入旋风叶子 1，旋风叶子上有很多小缺口，使空气沿切线方向产生强烈的旋转，这样夹杂在气体中的较大水滴、油滴、灰尘（主要是水滴）便获得了较大的离心力，并与存水杯 3 内壁高速碰撞，而从气体中分离出来，沉淀于存水杯 3 中。然后气体通过中间的滤芯 2，部分灰尘、雾状水被滤芯 2 拦截而滤去，洁净的空气便从输出口输出。挡水板 4 用于防止气体漩涡将杯中积存的污水卷起而破坏过滤作用。为保证空气过滤器正常工作，必须及时将存水杯 3 中的污水通过手动排水阀 5 放掉。在某些人工排水不方便的场合，可采用自动排水式空气过滤器。

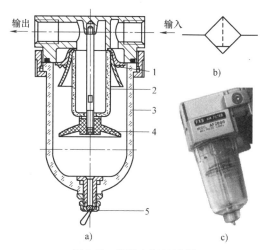

图 2-7 普通空气过滤器

a）结构原理图 b）图形符号 c）实物图

1—旋风叶子 2—滤芯 3—存水杯 4—挡水板
5—手动排水阀

资料卡

过滤器的主要技术参数如下：①最高使用压力（MPa）；②环境和介质温度（℃）；③过滤精度（μm）；④额定流量（L/min）；⑤滤芯材料；⑥接管直径。

（4）气罐 气罐除了可进一步分离压缩空气中的油、水等杂质外，还有以下作用：

1）储存一定数量的压缩空气，以备发生故障或临时需要时应急使用。

2）消除由于空气压缩机断续排气而对系统造成的压力脉动，保证输出气流的连续性和平稳性。

3）降低空气压缩机的起动-停止频率，其功能相当于增大了空气压缩机的功率。

资料卡

气罐的主要技术参数如下：①容积（m³）；②内径（mm）；③适用的压缩机排量（m³/min）。

一般气动系统中的气罐多为立式，由钢板焊接而成，并装有泄放过剩压力的安全阀、指示罐内压力的压力表和排放冷凝水的排水阀，如图 2-8 所示。

（5）空气干燥器 经过后冷却器、流体分离器和气罐后，得到初步净化的压缩空气，此压缩空气已能满足一般气压传动的需要，但其中仍含一定量的油分、水分及少量的粉尘。如果用于精密的气动装置、气动仪表等，则上述压缩空气还须进行干燥处理。压缩空气的干燥主要采用吸附法和冷却法。

吸附法是进行干燥处理时应用最为普遍的一种方法。它利用具有吸附性能的吸附剂（如硅胶、铝胶或分子筛等）来吸附压缩空气中含有的水分，使

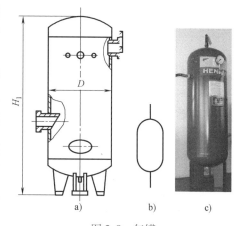

图 2-8 气罐

a）结构原理图 b）图形符号 c）实物图

其干燥。吸附式干燥器的结构原理图及图形符号如图2-9所示。它的外壳呈筒形，其中分层设置栅板、吸附剂、滤网等。湿空气从湿空气进气管1进入干燥器，通过吸附剂层21、钢丝过滤网20、上栅板19和吸附剂层16后，其中的水分被吸附剂吸收而变得很干燥；然后经过钢丝过滤网15、下栅板14和钢丝过滤网12，干燥、洁净的压缩空气便从干燥空气输出管8排出。

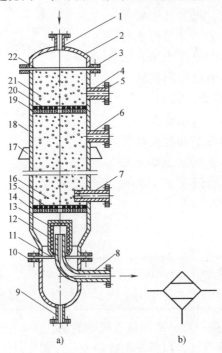

图 2-9　吸附式空气干燥器

a）结构原理图　b）图形符号

1—湿空气进气管　2—顶盖　3、5、10—法兰　4、6—再生空气排气管　7—再生空气进气管

8—干燥空气输出管　9—排水管　11、22—密封座　12、15、20—钢丝过滤网　13—毛毡

14—下栅板　16、21—吸附剂层　17—支承板　18—筒体　19—上栅板

资料卡

干燥器的主要技术参数如下：①额定处理空气量（m^3/min）；②工作压力（MPa）。

疑难诊断

问题1：气罐、后冷却器进、出气口的位置是否可以交换？

答：对于气罐，进、出口的位置是不能交换的，否则会影响其净化功能；对于后冷却器，进、出口的位置也不能交换，否则会影响其冷却效果。

问题2：经过净化后的空气非常干净、干燥，是否可直接用于气动系统？

答：对于多数气压传动系统，其气动元件的移动部件需要润滑，干燥的空气会影响其使用寿命，故不能用；对于一些具有自润滑功能的气动元件，其本身具有润滑功能，压缩空气越干净、越干燥对其工作越有利，故可以用。

总结评价

通过以上的学习，对实践课题的完成情况和相关知识的了解情况作出客观评价，并填写表 2-7。

表 2-7　认识空气及其净化措施任务评价

序号	评价内容	达标要求	自评	组评
1	空气性质	熟悉空气的黏度、湿度和可压缩性,理解其对气压传动的影响		
2	空气污染	熟悉空气污染源的构成及其对气压传动的影响		
3	空气净化设施	熟悉常见的空气净化设施及其在气压传动系统中的作用		
4	文明实践活动	遵守纪律,按规程活动		
总体评价				
再学习评价记载				

 **知识拓展**

压缩空气质量等级要求

国际标准规定，工业用压缩空气的质量等级用 3 个阿拉伯数字表示。它们分别代表固体粒子尺寸和浓度等级、水蒸气含量等级及含油量等级。如果对某一污染物等级没有要求，则用"—"代替。表 2-8 所列为对典型行业推荐的压缩空气质量等级。

表 2-8　对典型行业推荐的压缩空气质量等级

应用行业	压缩空气质量等级			应用行业	压缩空气质量等级		
	固体粒子	水蒸气	油		固体粒子	水蒸气	油
空气搅拌	3	5	3	机床工业	4	3	5
制鞋	4	6	5	采矿	4	5	5
制砖、制玻璃	4	6	5	包装纺织机械	4	3	3~2
零件清洗	4	6	4	土木建筑	4	5	5
颗粒产品输送	2	6	3	凿岩机	4	5~2	5
粉状产品输送	2	3	3	喷砂	—	3	2
铸造机械	4	6	5	喷漆	3	3~2	1
食品饮料加工	2	6	1	焊机	4	6	5

课后思考

1. 集中供气有哪些优势?
2. 空气净化设施包括哪些设备? 它们在空气净化过程中分别起什么作用?

任务3　认识压力和流量

任务描述

日常生活中，在用打气筒给轮胎打气时，随着轮胎的膨胀，可以体会到用力大小是不同的；液压起重机在起重大负荷时，会发出很大的轰鸣声。这些现象表明，（轮胎膨胀）阻力或（起重机起重）负载增大时，气筒内气体的压力升高，起重机内油液的压力也升高。

在气动与液压系统中，常用压力表来测量系统在某点的压力。在系统运行过程中，压力表的指针（指针式压力表）有时转动，有时静止不动。这说明系统在运行过程中，其不同位置的压力不尽相同，相同位置在不同工况下的压力也会发生变化。那么，压力是什么？压力的大小与什么有关？为何同一管路中不同位置的压力有时相同，有时不同？

俗话说："水往低处流"。当系统管路中两点上有不同的压力时，流体将流至压力较低的一点上。这种流体运动称为流动。由于城市供水系统在水管中形成压力或水位差，打开水龙头时，压力的差异便将水压出，如图 2-10 所示。

图 2-10　自来水的流动

流速和流量是衡量流动的两个参数。讨论流速和流量的另一个重要目的是确定执行元件的移动速度或旋转速度到底与什么有关。知道了这个关系，就能知道如何对执行元件的移动速度或旋转速度进行控制和调节。

实践课题

实践课题 1　压力的形成及测定

1. 压力的形成及测定回路图（图 2-11）

2. 回路分析

回路中设置了两个测压点，一个位于液压泵的出油口处，另一个位于液压缸的进油口处。两个测压点之间有节流阀和单向阀，液压缸的负载可以调节。

3. 实施步骤

1）课前由教师接好回路，并调节好溢流阀和节流阀，课上在教师指导下，依回路图熟悉液压力测定系统。

2）起动液压泵电动机，改变换向阀的位置，使液压缸处于最低位置。

3）改变换向阀的位置，使液压缸向上运动，记录液压缸活塞在运动过程中和位于终点时压力表 1、2 的读数，并将其填入表 2-9。

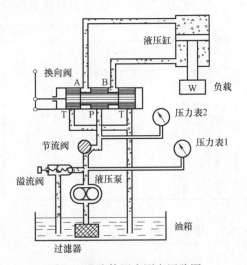

图 2-11　液体压力测定回路图

4）分别给液压缸增加负载 10kg、20kg、40kg、60kg，重复步骤 3），分别记录压力表读数。

5）观察不同负载情况下压力的变化规律，以及运行时和运行终点压力的变化规律。

6）按教师要求，探讨与压力相关的特性。

7）整理液压元件。

表2-9 压力的形成及测定总结

负载/kg		10	20	40	60
压力表1读数/MPa	运动过程中				
	运动终点				
压力表2读数/MPa	运动过程中				
	运动终点				
主要结论					

实践课题2 流量的测定

1. 流量测定回路图（图2-12）

2. 回路分析

流量计安装在回油路上，改变换向阀的位置，可以测定液压缸左、右两腔的回油流量。

3. 实施步骤

1）课前由教师接好回路，并调节好溢流阀，课上在教师指导下，熟悉流量测定回路图及流量测定位置。

2）起动液压泵电动机，换向阀处于中间位置。

3）分节流阀全开和半开两种情况，改变换向阀位置，分别记录液压缸运行过程中流量计的读数，完成表2-10。

4）探讨流量与液压缸运动速度的关系、流量分流原理，以及压力与流量是否相关等。

5）按教师要求整理液压元件。

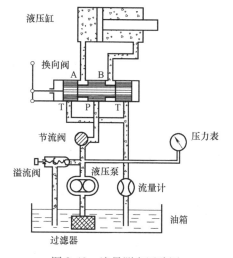

图 2-12 流量测定回路图

表2-10 流量的测定总结

回路工作状态	节流阀全开		节流阀半开		液压泵流量
	液压缸前进	液压缸后退	液压缸前进	液压缸后退	
流量计读数/(L/min)					
主要结论					

知识链接

（一）压力与力

1. 压力

（1）压力及其单位　研究流体时所指的压力是流体在单位面积上所受的法向力，用 p 表示。若法向力（用 F 表示）均匀地作用在面积 A 上，则压力表示为

$$p = \frac{F}{A} \tag{2-6}$$

式中　A——液体有效作用面积（m^2）；

　　　F——流体有效作用面积 A 上所受的法向力（N）。

压力的国际计量单位为 N/m^2 或 Pa，$1Pa = 1N/m^2$。由于此单位很小，工程上使用不便，因此常采用它的倍单位兆帕，其符号为 MPa。压力的非标计量单位有 bar（巴）、atm（标准大气压力）等。压力计量单位之间的换算关系见表 2-11。

表 2-11　压力计量单位之间的换算关系

Pa（N/m^2）	MPa	bar	Psi	kgf/cm^2	atm	mH_2O	mmHg
10^5	0.1	1	14.50	1.02	0.987	10.2	750

（2）压力的表示方法　压力有绝对压力和相对压力两种表示方法。绝对压力是将绝对真空作为基准所表示的压力，相对压力是以大气压力为基准所表示的压力。因为在地球表面上，一切物体都受大气压力的作用，而且是自然平衡的，即大多数测压仪表在大气压力下并不动作，这时其所表示的压力值为零。因此，用压力表测出的压力是高于大气压力的那部分压力，即相对压力，也称表压力。

绝对压力与相对压力关系：绝对压力＝相对压力＋大气压力。

当绝对压力低于大气压力时，习惯上称为出现真空。因此，某点的绝对压力比大气压力小的那部分数值称为该点的真空度，即真空度＝大气压力－绝对压力。

绝对压力、相对压力（表压力）和真空度的关系如图 2-13 所示。

（3）压力的传递　在密封容器中，施加于静止液体任一点的压力将以等值传递到液体内的各点，这就是帕斯卡原理或压力传递原理。

根据帕斯卡原理，液压传动不仅可以进行力的传递，而且可以将力放大和改变力的方向。图 2-14 所示为应用帕斯卡原理推导压力与负载关系的实例。图中大液压缸（负载缸）的截面积为 A_1，小液压缸的截面积为 A_2，两个活塞上的外作用力分别为 F_1、F_2，则缸内压力分别为 $p_1 = F_1/A_1$，$p_2 = F_2/A_2$。由于两缸充满液体且互相连接，根据帕斯卡原理有 $p_1 = p_2$，因此有

$$F_1 = F_2 \times \frac{A_1}{A_2} \tag{2-7}$$

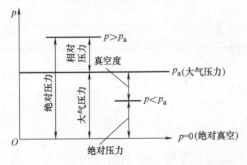

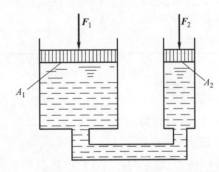

图 2-13　绝对压力、相对压力和真空度的关系　　　图 2-14　应用帕斯卡原理推导压力与负载关系的实例

上式表明，由于 $A_1/A_2>1$，所以用较小的力 F_2 就可产生很大的力 F_1。液压千斤顶和水压机就是根据此原理制成的。

如果大液压缸的活塞上没有负载（也称卸荷），即 $F_1=0$，则当忽略活塞重量及其他阻力时，不论怎样推动小液压缸的活塞，都不能在液体中形成压力（此时 $p=0$）。这说明液压系统中的压力是由外负载决定的，它是液压传动的基本概念之一。

2. 静止液体作用在固体壁面上的力

（1）作用在平面上的力　静止液体作用在平面上的力 F 等于静压力 p 与平面面积 A 的乘积，其方向垂直于该平面（图 2-15），即

$$F=pA \tag{2-8}$$

（2）作用在曲面上的力　当固体壁面为一曲面时，静止液体在 x 方向对该曲面的作用力 F_x 等静压力 p 与曲面在 x 方向上投影面积 A_x 的乘积（图 2-16），即

$$F_x=pA_x \tag{2-9}$$

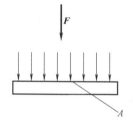

图 2-15　作用在平面上的力

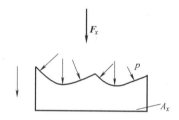

图 2-16　作用在曲面上的力

3. 流动液体的压力损失

在实践课题中，活塞运动时两压力表读数是不一致的，但运动终了时两者读数基本一致。这说明液体在流经节流阀时产生了压力损失，也说明只有在流动时才产生压力损失。

资料卡

液体流经管路产生的压力损失与电路中电流流经电阻产生电压降类似。

压力损失除因液压阀损失外，还由于实际黏性液体在流动时存在阻力，以及液体流经局部障碍（如弯头、接头、管道截面突然扩大或收缩）时存在阻力等。按液体流经管路的特点，压力损失分为沿程压力损失和局部压力损失。

沿程压力损失是液体沿等径直管流动时所产生的压力损失，这类压力损失是由液体流动时的内、外摩擦力引起的。

局部压力损失是液体流经局部障碍时，由于液流的方向和速度的突然变化，在局部形成旋涡引起液体质点间，以及质点与固体壁面间相互碰撞和剧烈摩擦而产生的压力损失。

压力损失过大，会使液压系统中的功率损耗增加，这将导致油液发热加剧，泄漏量增加，传动效率下降和液压系统性能变坏。因此，应尽量减少压力损失。降低流速，选择适当的液体黏度，保证管壁光滑，缩短管路的长度、增大管径，减少管路截面变化及弯曲等，均有利于控制压力损失。

4. 压力表

液压系统中的压力可通过压力表来测定。压力表的种类很多，最常用的是弹簧管式压力

表，如图 2-17 所示。当液压油进入弹簧弯管 1 时，产生管端变形，通过杠杆 4 使扇形齿轮 5 摆动，带动小齿轮 6 使指针 2 偏转，由刻度盘 3 读出压力值。

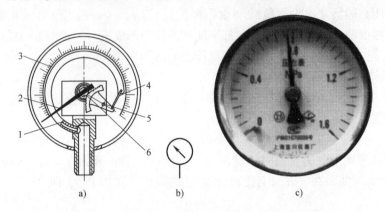

图 2-17　弹簧管式压力表

a）结构原理图　b）图形符号　c）实物外形图

1—弹簧弯管　2—指针　3—刻线盘　4—杠杆　5—扇形齿轮　6—小齿轮

（二）流量与速度

1. 流量

（1）流量与平均流速　流量与流速是描述流体流动时的两个主要参数。流体在管道中流动时，通常将垂直于流体流动方向的截面称为通流截面，或称过流断面。

流量是指单位时间内通过通流截面的流体体积，用 q 表示，即

$$q=\frac{V}{t} \tag{2-10}$$

式中　q——流量（m^3/s）；

V——流体通过通流截面的体积（m^3）；

t——流体通过通流截面的时间（s）。

流量的国际单位制单位为 m^3/s，其常用单位为升/分（L/min）或毫升/秒（mL/s）。

在实际液体流动中，由于黏性摩擦力的作用，通流截面上流速的分布规律难以确定，计算比较困难。为了便于计算，引入了平均流速的概念，即认为通流截面上各点的流速均为平均流速，用 v 来表示，则通过通流截面的流量就等于平均流速乘以通流截面面积。于是有 $q=vA$，则平均流速为

$$v=\frac{q}{A} \tag{2-11}$$

式中　A——通流截面面积（m^2）。

（2）液流连续性原理　根据质量守恒定律，液体在流动时既不会增多，也不会减少，而且液体被认为几乎是不可压缩的。因此，当液体流经无分支管道时，通过每一个通流截面的流量一定是相等的，这就是液流连续性原理。在图 2-18 所示的管路中，流过通流截面 1 和 2 的流量分别为 q_1 和 q_2，则

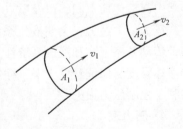

图 2-18　液流连续性原理图

$$q_1 = q_2 \tag{2-12}$$

因为 $q = vA$，则有

$$v_1 A_1 = v_2 A_2 \tag{2-13}$$

式中　v_1，v_2——通流截面 1 和 2 上的平均流速（m/s）；

　　　A_1，A_2——通流截面 1 和 2 的面积（m^2）。

> **资料卡**
>
> 　　这里所提到的液流连续性原理与电学中串联电路电流是相等的是相对应的。其它流体力学问题也可用电学原理来说明。

　　上面的公式表明：液体在无分支管道中流动时，通过管道内任一通流截面上的流量相等，当流量一定时，任一通流截面上的通流面积与流速成反比，即管径细的地方流速大，管径粗的地方流速小。同理，液体在有分支管道中流动时，干流量等于支流量之和。

2. 活塞（或液压缸）运动速度

　　如图 2-19 所示，活塞（或液压缸）的运动是由于流入液压缸的液体迫使密封容积增大所导致的。按平均流速的概念，活塞（或液压缸）的运动速度就等于液压缸内液体的平均流速。所以，可以通过平均流速的公式来计算活塞（或液压缸）的运动速度 v，即

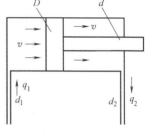

图 2-19　液压缸活塞的运动速度

$$v = \frac{q}{A} \tag{2-14}$$

式中　q——流入液压缸内液体的流量（m^3/s）；

　　　A——液压缸的有效作用面积（m^3）；

　　上面的公式表明：

　　1）活塞（或液压缸）的运动速度与液压缸的有效面积和流入液压缸内液体的流量两个因素有关，而与压力大小无关。

　　2）当液压缸的有效面积一定时，活塞（或液压缸）的运动速度取决于流入液压缸内液体的流量。这是液压传动的另一个基本概念。

3. 流量计

　　流量计是用来测流量和（或）在选定的时间间隔内流体总量的仪表。流量可分为瞬时流量和累计流量：瞬时流量是单位时间内，流体流过封闭管道或明渠有效截面的量；累计流量为在某一段时间间隔内，流体流过封闭管道或明渠有效截面的累计量。通过瞬时流量对时间的积分也可求得累计流量，所以瞬时流量计和累计流量计之间也是可以相互转化的，一般流量计均能显示这两个量。

　　按结构原理不同，流量计分为差压式流量计、涡轮式流量计、机械式指针流量计、电磁流量计、超声波流量计等；按计量介质不同，流量计分为液体流量计和气体流量计。图 2-20 所示为涡轮式流量计。

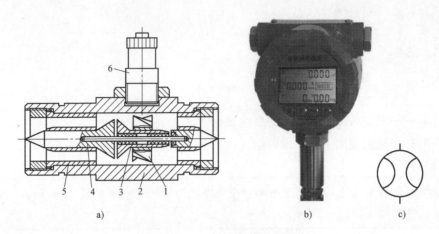

图 2-20　涡轮式流量计

a）结构原理图　b）实物外形图　c）图形符号

1—涡轮　2—壳体　3—轴承　4—支承　5—导流器　6—电磁传感器

疑难诊断

问题1：对实践课题1，加载运行过程中及运行结束后，压力表1、2的读数是否一致？分析原因。

答：压力表2的读数始终不会改变，因为无论在运行中还是运行后，溢流阀始终打开。

压力表1在运行过程中，其读数与负载有关，负载增大，压力越大；运行结束后，压力表1和压力表2间管路中的油液静止，压力表1与压力表2的读数相同。

问题2：流量增大导致液压缸活塞运动速度加快，压力增大能否加快活塞运动速度？

答：从活塞运动速度的计算公式可知，活塞的运动速度与输入液压缸中的液体流量和液压缸截面积有关，而与压力大小无关。当液压缸内的压力因负载变化而发生变化时，只是通过影响通过节流阀的流量，来间接影响液压缸活塞的运动速度。

总结评价

通过以上学习，针对实践课题的完成情况和相关知识的了解情况作出客观评价，并填写表2-12。

表 2-12　认识压力和流量任务评价

序号	评价内容	达标要求	自评	组评
1	压力、压力单位、压力性质；流量、流速，连续性原理	熟悉压力的概念及性质,熟悉压力的单位及单位之间的换算；熟悉流量和流速的概念,了解液流连续性原理及其应用		
2	压力的形成,液压缸的运动速度	理解压力由外负载决定；理解液压缸的运行速度取决于流入液压缸的液体流量		
3	压力的测定,流量的测定	熟悉压力表,能正确读出压力值,会测定系统压力；熟悉流量计,能正确读取回路中的流量		

（续）

序号	评价内容	达标要求	自评	组评
4	执行元件输出力、输出速度	能进行简单作用力和速度计算		
5	压力损失、泄漏	了解压力损失产生的原因，以及减少压力损失的常见措施，有节能意识；了解泄漏的原因		
6	文明实践活动	遵守纪律，按规程活动		
总体评价				
再学习评价记载				

 知识拓展

1. 液体流经小孔的流量

在图 2-10 中，当水龙头打开时，水流（流量）很大，当水龙头关小时，水流会变小。这表明水流量的大小与水龙头开口的大小有关。

在液压系统的管路中，装有截面突然收缩的装置被称为节流装置。突然收缩处的流动称为节流，一般采用各种形式的孔口来实现节流。液体在流经孔口时会产生压力损失，使系统发热、液体黏度下降、泄漏增加，但另一方面，它可以用来实现对流量和压力的控制。液压技术中的节流元件、阻尼元件的工作原理都基于此。液体流经小孔的流量的计算公式为

$$q = KA\Delta p^m \tag{2-15}$$

式中　q——通过孔口的流量（m^3/s）；

$\quad m$——由孔口形状决定的指数，当孔口为薄壁小孔（小孔长度 l 与直径 d 之比 $l/d \leqslant$ 0.5）时，$m = 0.5$，当孔口为细长孔（$l/d > 4$）时，$m = 1$；

$\quad K$——孔口的形状系数，其值可查有关手册；

$\quad \Delta p$——孔口前后压力差（Pa）；

$\quad A$——孔口截面面积（m^2）。

2. 液体流经缝隙与泄漏

液压系统是由一些元件、管接头和管道组成的，每一部分又是由一些零件组成的，在这些零件之间，通常会有一定的配合间隙，在液压技术中称为缝隙。由于缝隙的存在，液体会由压力较高的地方流到压力较低的地方或大气中去，这种流动称为泄漏。液体由高压腔流到低压腔的流动称为内泄漏，流入大气或与大气相通容积内的流动称为外泄漏。泄漏主要是由压力差和间隙造成的。泄漏量过大，会影响液压元件和液压系统的正常工作，也将使系统的效率降低、功率损耗加大。

液体流经由两平板形成的缝隙时，其流量为

$$q = \frac{bh^3}{12\mu l} \times \Delta p \tag{2-16}$$

式中　q——液体通过缝隙的流量（m^3/s）；

$\quad \Delta p$——缝隙两端的压力差（Pa）；

$\quad \mu$——液体的动力黏度（Pa·s）；

$\quad h$——缝隙量（m）；

l——缝隙长度（m）；

b——平行板的宽度（m）。

式（2-16）表明，液体通过缝隙的流量与压力差成正比，与间隙量 h 的三次方成正比，即间隙稍有增大，就会引起泄漏量的大量增加。因此，应严格控制液压元件间的间隙量，以减少泄漏。但是，h 的减小会使液压元件中的摩擦损失增大，因而间隙 h 并不是越小越好。

课后思考

1. 将三个不同负载以平行（或并联）的方式与同一个液压系统连接，如图 2-21 所示，若 $W_1 < W_2 < W_3$，试说明活塞 A、活塞 B、活塞 C 被顶起的顺序。

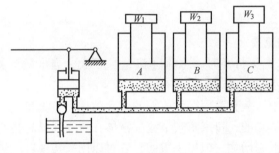

图 2-21　题 1 图

2. 读出图 2-17c 中压力表的读数。

3. 在图 2-22 所示的充满油液的固定密封装置中，甲、乙两人用大小相等的力分别从两端推原来静止的光滑活塞。两活塞会向哪个方向移动？为什么？

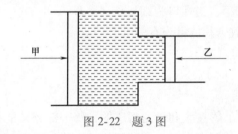

图 2-22　题 3 图

4. 图 2-23 所示为液压千斤顶，大、小活塞的直径分别为 $D = 40mm$，$d = 10mm$，假设 $T = 250N$。问：

（1）作用在小活塞上的力 F 为多少？（2）系统中的压力为多少？（3）大活塞能顶起多

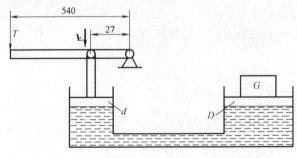

图 2-23　题 4 图

重的重物 G？

5. 如图 2-24 所示，将同样的液压力作用于液压缸 A 腔和 B 腔，则活塞的运动方向如何？

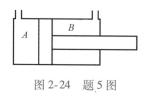

图 2-24　题 5 图

6. 如图 2-25 所示，有两个液压缸 A 和 B，并以相同流量向 A 腔和 B 腔供油。请问哪一个液压缸活塞的运动速度更快（直径和活塞行程完全相同）？

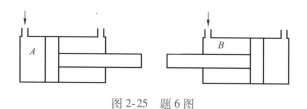

图 2-25　题 6 图

7. 如图 2-26 所示，两液压缸完全相同，并按图示相连，液压缸无杆腔和有杆腔的面积分别为 A_1、A_2。若输入流量为 q，则输出速度 v 为多少？与两缸不连接相比，其速度是快了还是慢了？

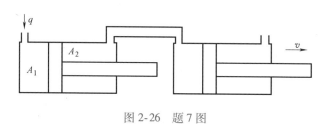

图 2-26　题 7 图

项目三

气源系统与气动执行元件认知

项 目 描 述

　　气源系统与气动执行元件是气压传动系统中两个重要的组成部分。气源系统将机械能转化为气压能，并向控制元件和执行元件提供清洁的压缩空气，是气动系统的动力部分。气动执行元件则将气压能转化为机械能，并完成人们所需要的各种动作。

　　气动系统一般采用集中供气的形式，考虑到不同企业在气动设备数量、用气量多少，以及对压缩空气质量要求等方面的不同，气源系统的复杂程度不尽相同。同样，因为多样的动作要求，气动执行元件也呈现多样性。

　　因此，认识气源系统与气动执行元件及其组成，气动元件的类型、性能参数、结构形式等是学习气压传动的重要一步

学 习 目 标

1. 理解空气压缩机、气源净化装置、气源调节装置等的工作过程。
2. 理解典型气动执行装置的结构、类型、工作过程等。
3. 熟悉气源系统的典型构成，能正确组建或拆装一个简单的气源系统。
4. 了解气源系统、气动执行装置上的常见故障，具备简单故障的诊断和排除能力。

任务1　组建气源系统

任务描述

　　气源系统也称空气站，是保证气压传动和控制系统正常工作所不可缺少的动力源。气源系统一般由以下四部分组成（图3-1a）：

1）产生压缩空气的气压发生装置，如空气压缩机。

2）气源净化装置，如过滤器、流体分离器、干燥器等。

3）气源处理装置，即气动三联件（空气过滤器、减压阀和油雾器）。

4）输送压缩空气的供气管道系统。

图 3-1b 所示为气源系统的简化图形符号。

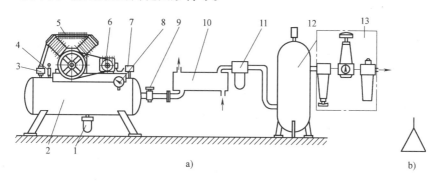

图 3-1 气源系统

a）组成 b）图形符号

1—自动排水器 2—小气罐 3—单向阀 4—安全阀 5—空气压缩机 6—电动机 7—压力开关

8—压力表 9—截止阀 10—后冷却器 11—流体分离器 12—气罐 13—气源处理装置

气动系统一般采用集中供气方式，一个企业或一个车间往往只设一套气源系统。当然，根据气动设备用气量的多少，以及对压缩空气质量的要求不同，气源系统的配置及其组件规格也是有差异的。本任务要求完成一个简单气源系统的组建与调试。

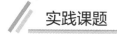 实践课题

拆装简单气源系统

实施步骤如下：

1）课前准备简单气源系统，包括空气压缩机、后冷却器、气罐、流体分离器、气源处理装置、管件等。

2）熟悉各组成元件的安装要求、连接关系和接口形式。

3）逐一拆解气源系统各组成元件并编号，填写表 3-1。

表 3-1 拆装简单气源系统总结

元件编号	元件名称	数量	与之相连的前置元件	与之相连的后置元件	与前、后置元件的连接方式
1					
2					
...					
主要结论					

4）清洗各组成元件，进一步熟悉各元件的安装要求、连接关系及接口形式。

5）按压缩空气的流动方向及图 3-1 逐个装接各部件，并进行检查。

6）装接空气压缩机控制电路。

7）关闭输出气口，起动空气压缩机，向气罐充气。

8）调节压力自动开关，使气罐维持在一个安全压力上。

9）检查流体分离器是否正常工作。

10）调节减压阀，使其有合适的输出压力。

11）检查油雾器是否正常工作，并调节油雾器，使其油量满足要求。

12）分析、总结，整理场地。

知识链接

1. 空气压缩机

空气压缩机是将原动机提供的机械能转换成气体压力能的一种能量转换装置，即气压发生装置。它为气动系统提供具有一定压力和流量的压缩空气。

空气压缩机分容积式和动力式两大类。其中，容积式空气压缩机的应用最广，其主要形式有活塞式空气压缩机、叶片式空气压缩机和螺杆式空气压缩机，如图3-2所示。

资料卡

家用打气筒也可看成一种空气压缩机，其工作原理与空气压缩机相似。

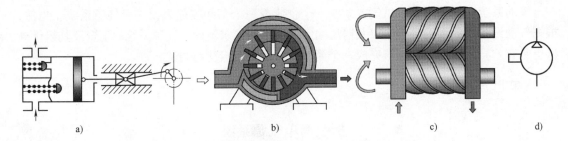

图3-2 空气压缩机
a）活塞式 b）叶片式 c）螺杆式 d）图形符号

目前，气动系统中使用最广泛的是活塞式空气压缩机。它主要通过曲柄连杆机构使活塞作往复运动来实现吸气和压气，并达到提高气体压力的目的。

资料卡

空气压缩机的主要技术参数如下：①工作压力（排气压力）（MPa）；②流量（排气量）（m^3/min，折算成进气状态的量）；③功率（kW，驱动电动机或柴油机的铭牌功率）。

图3-3所示为单级活塞式空气压缩机工作原理。曲柄8在电动机的带动下作逆时针转动，通过连杆7、活塞杆4，带动活塞3作往复运动。当活塞3向右运动时，气缸2内容积增大形成局部真空，在大气压力的作用下，吸气阀9打开（此时排气阀关闭），空气进入气缸2，完成吸气；当活塞3向左运动时，气缸内空气受压，压力升高，打开排气阀（此时吸气阀关闭），完成压气。

空气压缩机在安装使用过程中，应注意以下事项：

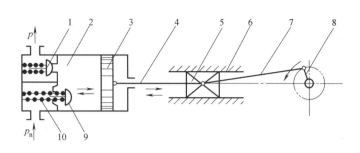

图 3-3　单级活塞式空气压缩机工作原理图

1—排气阀　2—气缸　3—活塞　4—活塞杆　5、6—滑块与滑道

7—连杆　8—曲柄　9—吸气阀　10—弹簧

1）空气压缩机的安装地点必须清洁，无粉尘、通风好、湿度小、温度低，且要留有维护保养空间，一般要安装在专用机房内。

2）空气压缩机一运转即产生噪声，因此必须有相应的防噪声措施。常见的噪声防治方法有设置隔声罩、消声器等。

3）起动空气压缩机前应检查润滑油位，并用手拉动传动带使机轴转动几圈，以保证起动时的润滑正常。润滑时应使用专用润滑油，并定期更换。起动前和停机后，都应及时排出空气压缩机气罐中的水分。

2. 气源处理装置

在气动技术中，将空气过滤器、减压阀和油雾器无管直接连接为一体，称为气源处理装置，也称气动三联件，如图 3-4a 所示。

气源处理装置具有净化、调压和润滑三大功能。它是多数气动系统中不可缺少的气动组件，通常安装在用气设备的进气口附近，是压缩空气质量的最后保证。其工作过程是：经初步净化的压缩空气首先进入空气过滤器，经除水、滤灰净化后进入减压阀，经减压后得到满足气动系统的要求压力，最后进入油雾器，将润滑油雾化后，混入压缩空气一起输往气动控制和执行装置。图 3-4b、c 所示为气源处理装置的详细图形符号和简化图形符号。

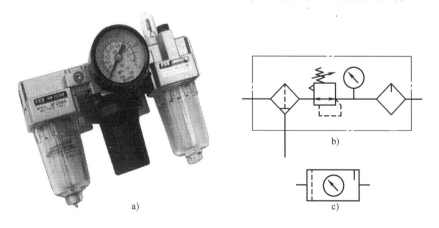

图 3-4　气源处理装置

a）气源处理装置实物图　b）详细图形符号　c）简化图形符号

气源处理装置中过滤器的净化功能已在"认识空气及其净化措施"任务中予以介绍，这里重点介绍减压阀和油雾器的功能。

（1）减压阀及其调压功能　一个气源系统输出的压缩空气通常可供多台气动装置使用，因此，气源系统输出的空气压力往往高于每台装置所需的压力，且压力波动较大。如果压力过高，将造成能量的损失并增加损耗；过低的压力则会使出力不足，造成不良效率。因此，每台气动设备或装置的供气压力都需要用减压阀进行减压，并保持稳定。

气动减压阀的作用是将较高的输入压力调整为规定的输出压力，并保持输出压力稳定，不受空气流量变化及气源压力波动的影响。减压阀的调压方式有直动式和先导式两种。

资料卡

减压阀的主要技术参数有接管口径（PT）、额定流量（L/min）、调压范围等。

图 3-5a 所示为直动式减压阀结构原理图。沿顺时针方向调整调整手柄 1 时，调压弹簧 2（实为两个弹簧）推动弹簧座 3、膜片 4 和阀芯 5 向下移动，使阀口开启，气流通过阀口后压力降低，从右侧输出二次压力气。与此同时，有一部分气流由阻尼孔 7 进入膜片室，在膜片下产生一个向上的推力与弹簧平衡，调压阀便有稳定的压力输出。当输入压力 p_1 升高时，输出压力 p_2 随之升高，使膜片下的压力同时升高，将膜片向上推，阀芯 5 在复位弹簧 9 的作用下上移，从而使阀口 8 的开度减小，节流作用增强，直到使输出压力降低到调定值为止；反之，若输入压力下降，则输出压力下降，膜片下移，阀口开度增大，节流作用减弱，使输出压力回升到调定压力，以维持压力稳定。

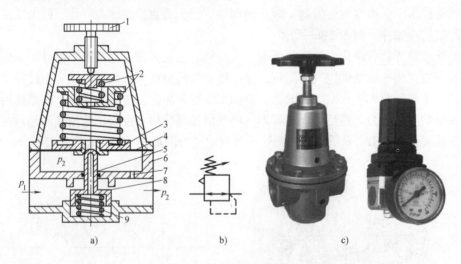

图 3-5　直动式减压阀

a）结构原理图　b）图形符号　c）实物图

1—调整手柄　2—调压弹簧　3—弹簧座　4—膜片　5—阀芯　6—阀套　7—阻尼孔　8—阀口　9—复位弹簧

（2）油雾器及其润滑功能　油雾器是一种特殊的注油装置。它以压缩空气为动力，将润滑油喷射成雾状并混合于压缩空气中，使压缩空气具有润滑气动元件的能力，以减少相对运动元件之间的摩擦力，从而减少密封材料的磨损，防止泄漏，以及管道和金属零部件的腐蚀，延长元件的使用寿命。

资料卡

油雾器的主要技术参数有接管口径（PT）、额定流量（L/min）、油杯容量、最高使用压力、建议润滑油等。

图 3-6a 所示为油雾器的工作原理图，当气流经过节流小孔时，压力降为 p_2，当输入压力 p_1 和 p_2 的压力差大于位能 ρgh 时，油液被向上吸，并被节流口处的高速气流射散，雾化后从输出口喷出。图 3-6b、c 所示分别为油雾器的实物图和图形符号。

使用油雾器的注意事项如下：

1）油雾器一般安装在过滤器、减压阀之后，且应尽量靠近需要润滑的气动元件部位，距离一般不超过 5m。

2）选择油雾器的主要依据是气动装置所需空气流量及油雾粒度的大小。普通型油雾器主要用于一般气缸和气阀的润滑。

3）油雾器油杯中的油须保持在工作液位（最高和最低液位之间）。供油量随使用场合的不同而不同，每 $10m^3$ 自由空气供给约 $1cm^3$ 的油量。

4）油雾器的油量要合适，过多的润滑油会导致先导阀口堵塞，使油液粘在驱动器、阀、消声器等上，会损坏密封性或其他敏感材料，带来生锈、微粒等其他影响。

5）测试油雾器油量时，可以使用一张白纸用风枪在距其大约 30cm 处吹气 30s，白纸应该微微泛黄，且不能有油滴流下，如图 3-7 所示。

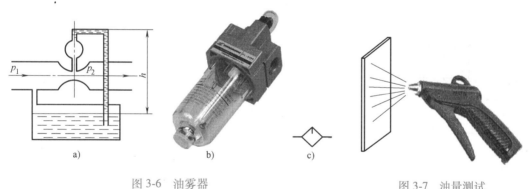

图 3-6　油雾器
a）工作原理图　b）实物图　c）图形符号

图 3-7　油量测试

3. 供气管道

（1）管件　管件在气动系统中相当于人体动静脉，起着连接各元件的重要作用，通过它向各气动元件、装置和控制点输送压缩空气。

管件的材料有金属和非金属之分，金属管件多用于车间气源管道和大型气动设备；非金属管件多用于中小型气动系统元件之间的连接，以及需要经常移动的元件之间的连接（如气动工具）。

气动软管是气动系统最主要的连接管件。软管的特点有可挠性、吸振性、消声性，以及连接、调整方便等。气动软管主要有橡胶管、尼龙管、聚氨酯管和聚乙烯管等。

（2）管接头　气动系统中使用的管接头的结构及工作原理与液压管接头基本相似。气动软管管接头的种类、规格很多，常用的结构形式有快换式管接头、快插式管接头、快拧式管接头和宝塔式管接头等。管接头的形式有直通、终端、直角、三通、四通、多通、异径、内外螺纹及带单向阀等，如图3-8所示。软管管接头的材料一般为黄铜或工程塑料。

图 3-8　管接头的部分形式

a）PX　Y形螺纹三通　b）PW　Y形三通变径　c）PV 二通　d）PU 直通

　　图 3-9 所示为常用于气动控制回路中连接尼龙管和聚氨酯管的快插式管接头。使用时将管子插入后，管接头的弹性卡环将其咬合固定，并由 O 形密封圈密封。卸管时，只需将弹性卡环压下，即可方便地拔出管子。快插式管接头的种类繁多，尺寸系列十分齐全，是软管连接中应用最广泛的一种管接头。

　　图 3-10 所示为带单向元件的快换式管接头，其内部装有单向元件，接头相互连接时靠钢球定位，两侧气路接通。卸开接头时，气路即断开，不需要装气源开关。快换式接头是一种既不需要使用工具，又能实现快速装拆的管接头。

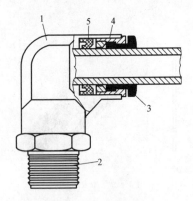

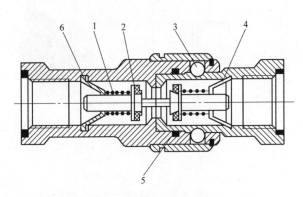

图 3-9　快插式管接头

1—外壳　2—螺纹接头　3—端头

4—卡环　5—密封圈

图 3-10　快换式管接头

1—弹簧　2—活塞　3—钢球　4—宝塔

接头　5—弹簧销　6—支架

　　（3）供气系统管路　供气系统管路主要包括以下三个方面：

　　1）压缩空气站内的气源管路。它包括压缩机的排气口至冷却器、流体分离器、气罐、干燥器等设备的压缩空气输送管路。

　　2）厂区压缩空气管路。它包括从压缩空气站至各用气车间的压缩空气输送管道。

　　3）用气车间压缩空气管路。它包括从车间入口到气动装置和气动设备的压缩空气输送管道。

　　4. 压缩空气压力控制

　　（1）利用压力自动开关控制压力　图 3-11 所示为空气压缩机简易电气控制图，合上空气开关，即可起动电动机。当压缩空气的压力达到安全设定值时，压力自动开关断开，控制磁力起动器断开，电动机停止运转；当压缩空气的压力降低到一定值后，压力自动开关复位，控制磁力起动器合上，电动机继续运转。通过调节压力自动开关上的旋钮，即可设定压缩空气的安全压力值。

（2）利用安全气阀控制压力　图 3-12 所示为利用安装在气罐上的安全气阀 1，实现压缩空气压力的安全控制。当气罐内的压力达到规定压力时，推开安全气阀内的阀芯或膜片，气阀打开，向大气放气，控制气罐内压力的最高值，实现安全保护。图 3-13 所示为安全气阀的结构原理图和实物图。

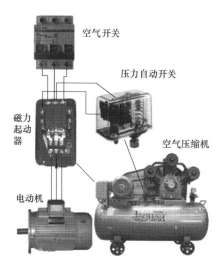

图 3-11　空气压缩机简易电气控制图

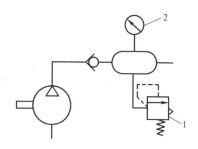

图 3-12　气源安全保护回路
1—安全气阀　2—压力表

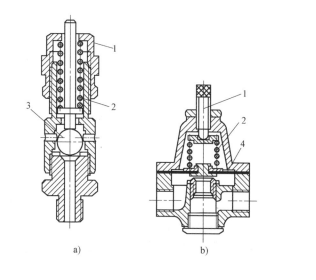

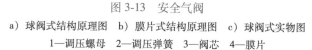

图 3-13　安全气阀
a）球阀式结构原理图　b）膜片式结构原理图　c）球阀式实物图
1—调压螺母　2—调压弹簧　3—阀芯　4—膜片

问题：接通电源后空气压缩机不动作，试分析可能原因和解决措施。

答：1）控制电路断路。检查电路，使电路接通。

2）气罐中压缩空气的压力已经达到安全值。若压力值未达到系统要求值，可作适当调整。

3）空气压缩机本身故障。检修并排除故障。

总结评价

通过以上学习，对实践课题的完成情况和相关知识的了解情况作出客观评价，并填写表3-2。

表 3-2　组建气源系统任务评价

序号	评价内容	达标要求	自评	组评
1	气源系统的组成	熟悉气源系统的基本构成，以及各组成部件的作用		
2	空气压缩机	熟悉空气压缩机的工作原理及其控制电路，能正确调试控制电路		
3	气源处理装置、气源净化装置	熟悉气源处理装置的作用、安装方式及调整事项，会调节气源处理装置，熟悉气源净化装置及其安装方式		
4	气动系统管件等	熟悉典型管件、管接头的类型及其装接方式		
5	简单故障的排除	能判断产生故障的可能原因，并排除故障		
6	文明实践活动	遵守纪律，按规程活动		
总体评价				
再学习评价记载				

知识拓展

空气压缩机的选用

选用空气压缩机时，首先按系统特点确定空气压缩机的类型，然后确定空气压缩机的工作压力与流量。

（1）工作压力　一般气动系统的工作压力为 0.5~0.6MPa，故应选用额定工作压力为 0.7~0.8MPa 的空气压缩机。

（2）流量　对每台气动装置来讲，执行元件通常是断续工作的，因而所需的耗气量也是断续的，并且每个耗气元件耗气量的大小也不同。因此，在供气系统中，把所有气动元件和装置在一定时间内的平均耗气量之和作为确定压缩空气站供气量的依据，并将各元件和装置在不同压力下的压缩空气流量转换为大气压下的自由空气流量。其公式为

$$q_z = q_y \times \frac{p+0.1013}{0.1013} \tag{3-1}$$

式中　q_z——自由空气流量（m^3/s）；

　　　q_y——在压力 p 下的压缩空气流量（m^3/s）；

　　　p——压缩空气压力（MPa）。

若某台设备有 m 个气动执行元件的系统，其平均最大耗气量 q_{zi} 为

$$q_{zi} = \frac{\sum_{j=1}^{m} aq_{zj}t}{T} \tag{3-2}$$

式中　a——气缸在一个周期 T 内的单程动作次数；

　　　m——每台设备上所用气缸个数；

　　　t——某执行元件一个单行程所用时间（s）；

　　　q_{zj}——某执行元件一个行程中的自由空气耗量（m^3/s）；

　　　T——某台设备一个工作循环的周期时间（s）。

实际选用空气压缩机时还要考虑泄漏等因素对供气量的影响，空气压缩机或压缩空气站的计算供气量为

$$q = \psi K_1 K_2 \sum_{i=1}^{n} q_{zi} \tag{3-3}$$

式中　n——用气设备台数；

　　　K_1——泄漏系数，$K_1 = 1.15 \sim 1.5$；

　　　K_2——备用系数，$K_2 = 1.3 \sim 1.6$；

　　　ψ——利用系数，$\psi = 0.3 \sim 1$。

课后思考

1. 在实际工作过程中，空气压缩机频繁起动，可能的原因有哪些？
2. 压缩空气站应该做好哪些维护工作？

任务2　认识气缸与气动马达

任务描述

气动执行元件是一种将压缩空气的气压能转化为机械能，实现直线运动、回转运动（包括摆动）的传动装置。气动执行元件有两大类：一类是产生直线运动的气缸；另一类是实现回转运动的，称为气动马达，包括在一定角度范围内作摆动的摆动马达（也称摆动气缸），以及产生连续转动的气动马达。

在气动自动化系统中，由于气缸的相对成本较低、容易安装、结构简单、耐用、各种缸径尺寸及行程可选，因此成为应用最广泛的一种气动执行元件。

气动执行元件多数已经标准化、系列化，并由专业生产厂家制造。用户一般仅需要根据动作要求，按照生产厂家提供的产品样本，选用（或定制）合适类型、规格和安装形式等的气动执行元件即可。认识气动执行元件的类型、规格、安装形式和使用特点等是本节的任务。

实践课题

认识气动执行元件（气缸）

实施步骤如下：

1）学生在教师指导下，去当地气动元件商店、气动元件生产厂家或气动设备使用企业，实地了解气动执行元件。

2）根据学校的实际情况，由任课教师在课前准备若干种不同类型、不同规格的气动执行元件。

3）课上由学生分组识别和分析各种气动执行元件，拆装一只普通气缸，并完成表3-3。

表3-3 认识气缸与气动马达总结

序号	气缸的名称	输出运动方式	缸径	行程或转角	工作压力	使用温度	动作形式(单动、双动)	活塞杆外径及螺纹形式	气口螺纹尺寸	缓冲形式(有、无)	安装方式	应用举例
主要结论												

4）分组说明气缸的类型、规格等。

5）总结，整理场地。

知识链接

1. 普通气缸

普通气缸由缸筒、前后缸盖、活塞、密封件和紧固件等组成。它在各类气缸中应用最为广泛。

图3-14a所示为双作用气缸的结构原理图。此气缸由活塞分成两个腔，即有杆腔和无杆腔。有活塞杆的腔称为有杆腔，无活塞杆的腔称为无杆腔。当压缩空气进入无杆腔时，压缩空气作用在活塞右端面上的力将克服各种反作用力，推动活塞前进，有杆腔内的空气排入大气，使活塞杆伸出；反之，当压缩空气进入有杆腔时，活塞便向左运动，活塞杆返回。气缸无杆腔和有杆腔的交替进气和排气，使活塞伸出和退回，气缸实现往复运动。为了减缓运动冲击，活塞端部设置有缓冲柱塞，端盖上开有相应的缓冲柱塞孔。图3-14b、c所示为双作用气缸的实物图和图形符号。

资料卡

普通气缸的主要参数有缸径、行程、工作压力、使用温度、缓冲形式（有、无）、动作形式（单动、双动）、活塞杆外径及螺纹形式、气口螺纹尺寸、气缸安装方式等。

图3-15a所示为单作用气缸的结构原理图。在活塞的一侧装有使活塞杆复位的弹簧，在另一端缸盖上开有起呼吸作用的气口。除此之外，其他结构基本上与双作用气缸相同。单作用气缸的工作特点如下：

1）单边进气，结构简单，耗气量小。

2）缸内安装了弹簧，增加了气缸长度，缩短了气缸的有效行程。

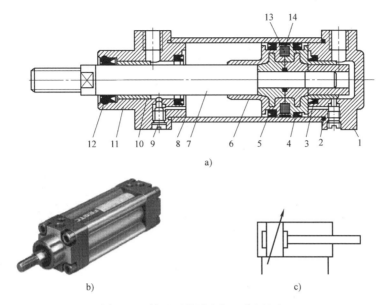

图 3-14 普通型单活塞杆双作用气缸

a) 结构原理图 b) 实物图 c) 图形符号

1—后缸盖 2—密封圈 3—缓冲密封圈 4—活塞密封圈 5—活塞 6—缓冲柱塞 7—活塞杆
8—缸筒 9—缓冲节流阀 10—导向柱 11—前缸盖 12—防尘密封圈 13—磁铁 14—导向环

3）借助弹簧力复位，使一部分压缩空气的能量用来克服弹簧张力，减小了活塞杆的输出力；而且输出力的大小和活塞杆的运动速度在整个行程中随弹簧的形变而变化。

4）多用于行程较短以及对活塞杆输出力和运动速度要求不高的场合。

图 3-15b、c 所示为单作用气缸的实物图和图形符号。

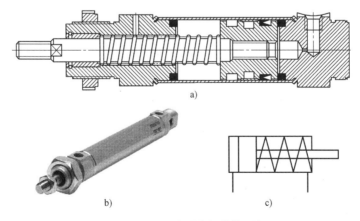

图 3-15 普通型单活塞杆单作用气缸

a) 结构原理图 b) 实物图 c) 图形符号

2. 标准气缸

标准气缸是符合国际标准 ISO 6430 等或国内行业标准 JB/T 6379—2007 的普通气缸。需要说明的是，不同厂商生产的符合国际标准的气缸，其在使用中并不能完全互换，而只有同时符合德国机械工业协会标准 VDMA 24562 的才能完全互换。图 3-16a 所示为某标准气缸的尺寸，图 3-16b 所示为 SC 系列标准气缸实物图。标准气缸缸径及行程标准系列见表 3-4。

表 3-4　标准气缸缸径及行程标准系列　　　　　　　　　（单位：mm）

缸径	8、10、12、16、20、25、32、40、50、6380、100、125、160、200、250、320、400 等
行程	25、50、80、100、125、200、250、320、400、500、630、800、1000、1250、2000 等

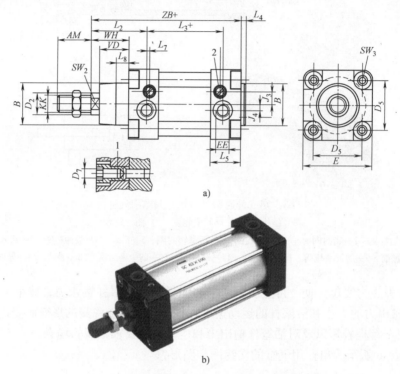

图 3-16　某标准气缸
a）尺寸　b）SC 系列标准气缸实物图
1—带螺纹的内六角圆柱头螺钉　2—终端缓冲调节螺钉　+—再加行程

3. 气动马达

图 3-17a 所示是叶片式气动马达的结构原理图。压缩空气由 A 孔输入时分为两路：一路经定子两端密封盖的槽进入叶片底部（图中未表示），将叶片推出，叶片靠此气压推力及转子转动后离心力的综合作用而紧密地贴紧在定子内壁上；另一路经 A 孔进入相应的密封空间而作用在两个叶片上，由于两叶片的伸出长度不等，故产生了转矩差，使叶片与转子按逆时针方向旋转。若改变压缩空气的输入方向，即压缩空气自 B 孔进入，则可改变转子的转向。图 3-17b、c 所示分别为叶片式气动马达的实物图和马达的图形符号。

图 3-18a 所示为径向活塞式气动马达的结构原理图。压缩空气经进气口进入分配阀（又称配气阀）后再进入气缸，推动活塞及连杆组件运动，在使曲轴旋转的同时，带动固定在曲轴上的分配阀同步转动，使压缩空气随着分配阀角度位置的改变进入不同的缸内，依次推动各个活塞运动，并由各活塞及连杆带动曲轴连续运转，与此同时，与气缸相对应的气缸则处于排气状态。图 3-18b 所示为径向活塞式气动马达的实物图。

与电动机（电马达）相比，气动马达具有以下特点：

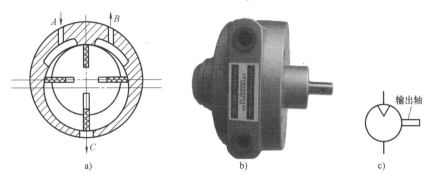

图 3-17 叶片式气动马达

a）结构原理图 b）实物图 c）图形符号

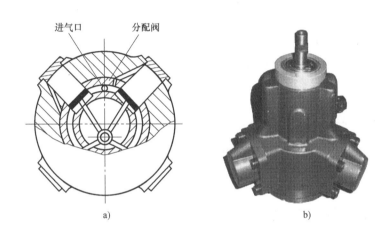

图 3-18 径向活塞式气动马达

a）结构原理图 b）实物图

1）可以无级调速。只要控制进气阀或排气阀的阀口开度，即控制输入或输出压缩空气的流量，就能调节马达的输出功率和转速。

2）能够实现瞬时换向。只要简单地操纵气阀来变换进、出气方向，即能实现气动马达输出轴正转和反转的换接。

3）工作安全，适用于恶劣的工作环境，使用过的空气也不需要处理，不会造成污染。

4）有过载保护作用，不会因过载而发生故障。

5）具有较高的起动力矩，可以直接带负载起动。

6）功率范围及转速范围较宽。气动马达的功率小到几百瓦，大到几万瓦，转速可以从零到 25000r/min 或更高。

7）可长时间满载运转，温升较小。

8）具有输出功率小、耗气量大、效率低、噪声大和易产生振动等缺点。

因此，气动马达常用于潮湿、调温、高粉尘等恶劣环境。气动马达不仅能用于矿山机械中的凿岩、钻采、装载等设备中，而且在船舶、冶金、化工、造纸等行业也得到了广泛应用。

4. 气缸的选择及使用要求

（1）气缸的选择

1）安装形式的选择。安装形式由安装位置、使用目的等因素决定，一般场合下，多用固定式气缸。在需要随同工作机构连续回转时，应选择回转气缸；在既要求活塞杆作直线运动，又要求缸体本身作较大圆弧摆动时，应选用轴销式气缸；有特殊要求时，可选用特殊气缸。

2）作用力的确定。作用力的大小是根据机构所需力的大小来确定气缸的推力或拉力。

3）气缸行程的确定。气缸行程与机构所需的行程有关，也受加工和结构的限制。

4）活塞（或缸体）运动速度的确定。运动速度主要取决于输入气缸的压缩空气流量、气缸进出气口大小，以及导管内径的大小。普通气缸的运动速度一般为 0.5～1m/s。

5）气缸内径的选定：气缸内径主要决定因素是气缸负载及气源供气压力。

（2）气缸在使用中的注意事项

1）应根据气缸的具体安装位置和运动方式，合理选择安装辅件。

2）在需要加装节流阀调速的情况下，应选择排气节流阀，以消除气缸的爬行现象。

3）有些气缸可以在没有油雾器的环境下正常工作，一旦使用了油雾器就需要一直使用。

4）活塞杆与工件之间宜采用柔性连接，以补偿轴向和径向偏差。

5）应尽量避免活塞杆头部螺纹退刀槽承受冲击力和扭力。

6）保证气源的清洁，定期对气缸进行检查清洗，尤其要注意对活塞杆的保养，以延长气缸的使用寿命。

5. 气缸常见安装方式

如图 3-19 所示，气缸的安装方式有脚架安装、前法兰安装等。

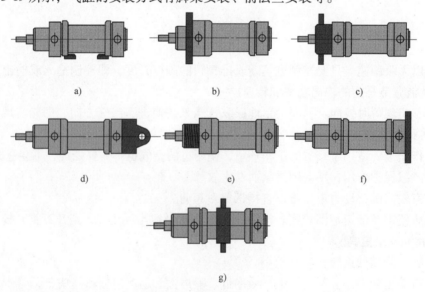

图 3-19 气缸常见安装方式

a）脚架安装　b）前法兰安装　c）前耳轴安装　d）后耳环安装

e）螺纹安装　f）后法兰安装　g）中间耳轴安装

疑难诊断

问题1：根据对普通气缸拆装的分析，造成气缸缓冲效果不佳的可能原因有哪些？如何改进？

答：1）缓冲部分的密封圈密封性能变差；更换密封圈。

2）调节螺钉损坏；更换调节螺钉。

3）外部原因，可能是气缸运动速度太快；检查缓冲机构和结构是否合适。

问题2：根据对普通气缸拆装的分析，造成气缸左、右两腔出现"窜气"（即在工作时，高压腔的压缩空气流入低压腔）的可能原因有哪些？

答：1）活塞密封圈损坏。

2）润滑不良。

3）活塞及缸筒内表面存在划伤缺陷。

4）活塞被卡住。

总结评价

通过以上的学习，对实践课题的完成情况和相关知识的了解情况作出客观评价，并填写表3-5。

表3-5 认识气缸与气动马达任务评价

序号	评价内容	达标要求	自评	组评
1	普通气缸与标准气缸	熟悉普通气缸与标准气缸的结构和工作原理,正确识读气缸类型和参数,熟悉气缸缓冲,初步具备选用气缸的能力		
2	气动马达	了解气动马达的类型,熟悉其应用特点		
3	其他气缸	了解其他气缸的种类及应用特点		
4	简单故障的排除	能根据气缸的结构特点,诊断并排除与气缸相关的简单故障		
5	文明实践活动	遵守纪律,按规程活动		
总体评价				
再学习评价记载				

知识拓展

1. 特殊气缸简介

（1）薄膜式气缸 薄膜式气缸是一种利用压缩空气，通过膜片的变形来推动活塞杆作直线运动的气缸。它由缸体、膜片、膜盘和活塞杆等主要零件组成，分为双作用式和单作用式两种，如图3-20a、b所示。

薄膜式气缸的膜片可以做成盘形膜片和平膜片两种形式。膜片材料为夹织物橡胶、钢片或磷青铜片。常用的膜片材料是厚度为5~6mm的夹织物橡胶，而金属膜片只用于行程较小的薄膜式气缸。

薄膜式气缸具有结构紧凑、维修方便、密封性能好、制造成本低等优点，但因膜片的变形量有限，故其行程较短（一般为 40～50mm），且气缸活塞上的输出力随着行程的加大而减小。薄膜式气缸被广泛应用在化工生产过程中的调节器上。

图 3-20c 为单作用薄膜式气缸的实物图。

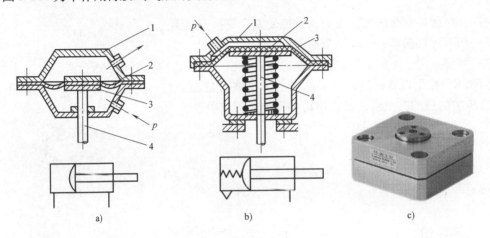

图 3-20　薄膜式气缸

a）双作用薄膜式气缸结构图和图形符号　b）单作用薄膜式气缸结构图和图形符号　c）单作用薄膜式气缸实物图

1—缸体　2—膜片　3—膜盘　4—活塞杆

（2）手指气缸　手指气缸俗称气爪。气爪能实现各种抓取功能，是现代气动机械手的关键部件。气爪有平行气爪、摆动气爪、旋转气爪、三点气爪等形式。图 3-21 所示为平行气爪，它通过两个活塞工作，两个气爪对心移动。这种气爪可以输出很大的抓取力，既可用于内抓取，也可用于外抓取。

（3）摆动气缸　摆动气缸也称摆动马达，它是将压缩空气的压力能转变成气缸输出轴的有限回转机械能的一种气缸。

图 3-22a 所示为单叶片摆动气缸的结构原理图。定子 3 与缸体 4 固定在一起，叶片 1 和转子 2（输出轴）连接在一起。当左腔进气时，转子顺时针转动；反之，转子逆时针转动。单叶片摆动气缸多用于安装位置受到限制或转动角度小于360°的回转工作部件，如夹具的回转、阀门的开启、转塔车床刀架的转位、自动线上物料的转位等场合。图3-22b、c所示分别为单叶片摆动气缸的实物图和图形符号。

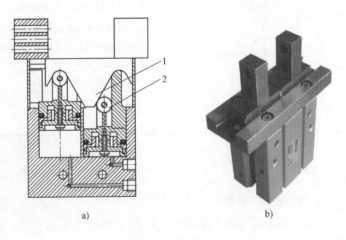

图 3-21　平行气爪

a）结构原理图　b）实物图

1—双曲柄　2—滚轮

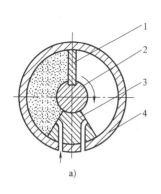
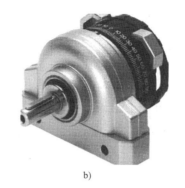

a)　　　　　　　　　　b)　　　　　　　　　c)

图 3-22　单叶片摆动气缸
a) 结构原理图　b) 实物图　c) 单叶片摆动气缸（马达）图形符号
1—叶片　2—转子　3—定子　4—缸体

（4）冲击气缸　冲击气缸是把压缩空气的能量转化为活塞高速运动能量的一种气缸。其活塞的最大速度可以达到 10m/s 以上，利用此动能做功，可以完成型材下料、打印、铆接、弯曲、折边、压套、破碎、高速切割等多种作业。与普通气缸相比，其冲击能大上百倍。

图 3-23a 所示为普通冲击气缸的结构原理图。它由缸体、中盖、活塞和活塞杆等组成。中盖与缸体固结在一起，与活塞一起将气缸分成蓄能腔 3、活塞腔 2 和活塞杆腔 1，中盖上有一个喷嘴口 4。冲击气缸的工作过程分以 3 步：

1）活塞上移，将喷嘴口 4 关闭。

2）向蓄能腔充气，压缩空气通过喷嘴口的小面积作用在活塞上。因此，当蓄能腔压力不高时，其对活塞的推力不足以推动活塞，喷嘴口处于关闭状态，蓄能器集聚能量。

3）当压力达到克服活塞杆腔排气压力与摩擦力的总和时，活塞下移，喷嘴口开启，集聚在蓄能腔中的压缩空气通过喷嘴突然作用在活塞全面积上，喷嘴口处的气流速度可达到声速。喷入活塞腔的高速气流进一步膨胀，给予活塞很大的向下推力和极高的速度，从而使其获得很大的动能。

图 3-23b 所示为打标用冲击气缸实物图。

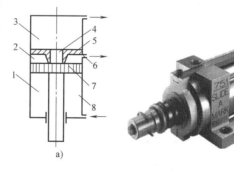

a)　　　　　　　　　b)

2. 活塞杆的连接

活塞杆与工件之间宜采用柔性连接，以补偿轴向或径向偏差以及与气缸在平面上实现摆动连接。如可采用 Y 形带销接头、关节轴承接头、自对中球铰接头等，如图 3-24 所示。

图 3-23　冲击气缸
a) 结构原理图　b) 打标用冲击气缸实物图
1—活塞杆腔　2—活塞腔　3—蓄能腔　4—喷嘴口
5—中盖　6—泄气口　7—活塞　8—缸体

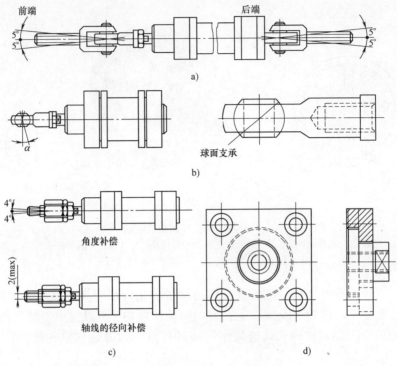

前端　　后端

球面支承

a)

b)

角度补偿

轴线的径向补偿

2(max)

c)　　　　　　　　　　d)

图 3-24　活塞杆与工件之间的连接方式

a) Y 形带销接头　b) 关节轴承接头　c) 自对中球铰接头　d) 连接法兰

课后思考

1. 通过网络等资源，找出本项目中未提到的气缸种类，并说明其结构和应用特点。

2. 为什么有的气缸不需要油雾润滑，若使用油雾润滑反而会影响其使用效果？

项 目 四

气动控制元件及控制
回路的组建与调试

项 目 描 述

在气动设备中，工作部件之所以能按设计要求完成动作，是通过对气动执行元件（气缸、气马达等）的方向、速度及压力大小进行控制和调节来实现的。其中，对气动执行元件运动方向的控制是最基本的，只有在执行元件的运动符合要求的基础上，才有必要进一步对其速度和压力进行控制和调节。

为了实现不同气动设备各自的功能，其气动系统必然有着不同的构成形式。但无论多么复杂的气动系统，都是由一些基本的、常用的控制回路组成的，如气动直接控制与间接控制回路、气动行程控制回路、气动速度和时间控制回路、气动压力控制回路等。而且，这些控制回路又是由具有特定功能的气动元件组成的。图 4-1 所示为气动元件、回路和系统之间的关系。

图 4-1 气动元件、回路和系统之间的关系

因此，为了能更好地分析、使用、维修维护各种气动系统，就必须熟悉典型气动回路和气动元件的基本功能，熟悉典型气动回路的构成和作用，能按气动回路图要求正确组建和调试。

学 习 目 标

1. 能读懂典型气动控制元件的图形符号，熟悉其功能、规格型号、元件样本等。
2. 能读懂气动基本回路，并能按回路图进行组建和调试。
3. 能对气动基本回路出现的简单故障进行诊断和排除。
4. 熟悉气动控制元件的装接和维护规范。
5. 能应用继电控制技术和 PLC 控制技术完成对回路的控制。

任务1　　气动直接控制与间接控制回路的组建与调试

任务描述

正如电动机的直接起动和间接起动一样，对气动执行元件的控制有直接控制和间接控制之分。

气动直接控制是通过人力或机械外力直接控制换向阀实现执行元件的动作控制。直接控制所用元件少、回路简单，多用于单作用气缸或双作用气缸的简单控制，但无法满足有多个换向条件时的回路控制。由于直接控制是由人力或机械外力操控换向阀换向的，其操作力较小，因此只适用于所需气流量和控制阀尺寸相对较小的场合。

气动间接控制是指执行元件由气控换向阀来控制动作，人力或机械外力等外部输入信号只是通过其他方式直接控制气控换向阀，间接控制执行元件的动作。间接控制主要用于执行元件需要较大的压缩空气流量，控制要求比较复杂，控制信号不止一个，或者输入信号需要经过逻辑运算、延时等处理后才能控制执行元件动作的场合。

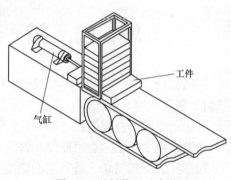

图 4-2　送料装置示意图

送料装置是机电（自动化）设备中常见的组成部分。如图 4-2 所示，利用送料装置将位于垂直料仓中的物件推送到传送带上，并由传送带将其送到规定的加工位置。其中，工件的推出是由一只气缸来实现的，当气缸活塞伸出时，物料推出；当气缸活塞返回时，为下次物料推送作准备。本次任务是完成对该送料气缸的控制。

实践课题

实践课题 1　送料装置直接控制

1. 回路图（图 4-3）

2. 回路分析

控制方案 1 采用的是单作用单杆气缸，适用于行程较小的场合；控制方案 2 采用的是双作用单杆气缸，适用于行程较大的场合。由于单作用单杆气缸活塞伸出需要压缩空气驱动，返回靠气缸内部弹簧复位，所以选用的换向阀为只有一个输出口的二位三通手动换向阀。对于双作用气缸，活塞的伸出和返回运动均需要压缩空气驱动，所以选用有两个输出口的换向阀。

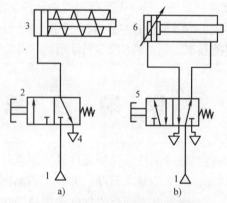

图 4-3　送料装置直接控制回路图

a）控制方案 1　b）控制方案 2

1—气源装置　2—二位三通手动换向阀　3—单作用单杆气缸
4—排气装置　5—二位五通手动换向阀　6—双作用单杆气缸

3. 实施步骤

1）在教师的帮助下，按回路图中的元件图形符号选择合适的气缸、换向阀等气动元件。

2）在实训平台上固定气动元件。

3）分别按方案 1 和方案 2 进行回路的连接，并检查连接是否正确。

4）打开气源，按下按钮观察气缸运动情况，松开按钮观察气缸运动情况。

5）经教师检查评估后，关闭气源，拆下管路和元件，并将其放回原位。

<h3 align="center">实践课题 2　送料装置间接控制</h3>

1. 回路图（图 4-4 ）

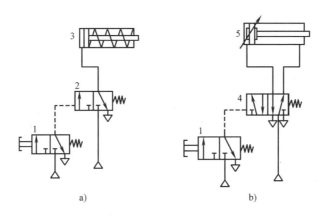

图 4-4　送料装置间接控制回路图

a）控制方案 1　b）控制方案 2

1—二位三通手动换向阀　2—二位三通单气控阀　3—单作用单杆气缸

4—二位五通单气控阀　5—双作用单杆气缸

2. 回路分析

与直接控制一样，送料装置间接控制方案 1 适用于行程较小的场合，控制方案 2 则适用于行程较大的场合。但是，采用间接控制方案后，二位三通手动换向阀按钮的作用只是控制气控换向阀所需的气压，而不再直接驱动气缸运动。

3. 实施步骤

1）利用 FluidSIM-P 气动仿真软件进行运动仿真，如图 4-5 所示（软件使用方法见附件 C）。

2）在教师的帮助下，按回路图中的元件图形符号选择合适的气缸、换向阀等气动元件。

3）在实训平台上固定气动元件。

4）分别按方案 1 和方案 2 进行回路的连接，并检查连接是否正确。

5）打开气源，按下按钮观察气缸运动情况，松开按钮观察气缸运动情况。

6）经教师检查评估后，关闭气源，拆下管路和元件，并将其放回原位。

 知识链接

1. 换向阀的功能及分类

换向阀是利用阀芯与阀体间相对位置的改变，使气路接通、切断或变换压缩空气的流动

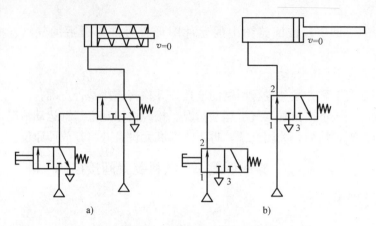

图 4-5　送料装置直接控制单作用气缸仿真结果

a）按钮未按状态（复位）　b）按钮按下状态

方向，从而使气动执行元件起动、停止或变换运动方向等的元件。按照控制方式不同，换向阀可分为气压控制换向阀、电磁控制换向阀、人力控制换向阀和机械控制换向阀；按阀芯结构不同，又可分为截止式换向阀、滑阀式换向阀和膜片式换向阀等。这里先介绍气压控制和人力控制换向阀，其他阀的工作过程与之相似。

资料卡

我们可以从铭牌上或产品样本上了解换向阀以下主要技术参数："位"数和"通"数，常以 b/a 形式，b—"位"数，a—"通"数；接口螺纹尺寸和阀的公称通径；公称流量；工作压力范围；控制方式；安装方式等。

2. 人力控制换向阀

人力控制换向阀是依靠人力对阀芯位置进行切换的换向阀，它分为手动阀和脚踏阀两大类。

图 4-6 所示为截止式二位三通手动换向阀。当推压按钮未按下时，阀芯在弹簧力的作用下位于上位，1 口关闭，2、3 口相通（图 4-6a）；当推压按钮按下时，阀芯在弹簧力的作用下位于下位，3 口被关闭，1、2 口相通（图 4-6b）。

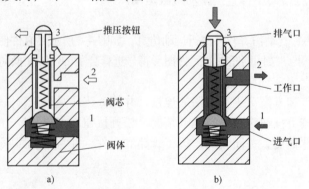

图 4-6　截止式二位三通手动换向阀

a）按钮未按状态　b）按钮按下状态

图 4-7 所示为二位三通手动换向阀的图形符号，图形符号的绘制要领及读法如下：

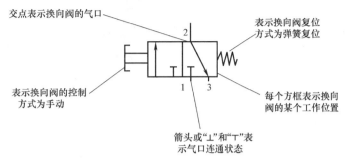

图 4-7　二位三通手动换向阀的图形符号

1）用方框表示换向阀的工作位置，有几个方框就表示有几个工作位置，简称"位"。

2）方框内的箭头表示在这一位置上气路处于接通状态，但箭头的方向并不一定表示压缩空气的实际流向。

3）方框内的符号"⊥"或"⊤"表示此通路被阀芯封闭，即该气口不通。

4）一个方框的上边和下边与箭头或"⊥"和"⊤"的交点表示换向阀外部连接的接口（气口），有几个交点就是有几个气口，简称"通"。

5）换向阀的读法。一般按照"几位"+"几通"+"控制方式"+"换向阀"表示。图 4-7 所示的换向阀可以读成"二位三通手动换向阀"。其他换向阀的读法依此类推。

6）针对图 4-7 所示的图形符号，也可以作这样的描述：这是二位三通手动换向阀，当手动按钮未按下时，阀芯在弹簧的作用下处于复位状态，观察靠近弹簧的方框，1 口关闭，2 口与 3 口相通；当手动按钮按下时，观察靠近手动控制方式的方框，1 口与 2 口相通，3 口关闭。

7）一般情况下，阀的进气口用 P 表示（或用数字 1 表示），排气口用 T 表示（或用数字 3、5 表示），工作油口用 A、B 等表示（或用数字 2、4 表示）。表 4-1 所列为气口两种表示方式的对比。

表 4-1　气口两种表示方式的对比

气口	用数字表示（符合 ISO 5599 标准）	用字母表示（实际中常见）
进气口	1	P
工作口	2、4	A、B、C
排气口	3、5	R、S、T
控制口	12、14	X、Y、Z
输出信号清零的控制口	10	(Z)
外控口	81、91	—
控制气路排气口	82、84	—

图 4-8 所示为二位三通手动换向阀的实物图。

图 4-9 所示为其他几种常见人力控制换向阀的操纵方式。

3. 气压控制换向阀

气压控制换向阀是利用气体压力使阀芯运动，从而改变气体流向的一种控制阀。其常用控制方式如下。

（1）加压控制　加压控制是指所加的控制信号压力是逐渐上升的，当气压达到阀芯的

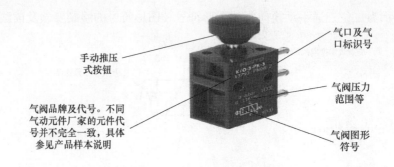

图 4-8　二位三通手动换向阀实物图

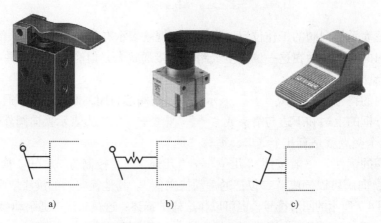

图 4-9　其他几种常见人力控制换向阀的操纵方式

a）杠杆式　b）手柄（带定位记忆）式　c）踏板式

动作压力时，阀便换向。加压控制是最常用的一种控制方式。

（2）卸压控制　卸压控制是指所加的控制信号压力是减小的，当减小到某一压力值时，阀换向。

（3）延时控制　延时控制是利用气流经过小孔或缝隙被节流后，再向气室内充气，经过一定的时间，当气室内的压力升至一定值后，再推动阀芯动作而换向，从而达到延时的目的。

图 4-10 所示为截止式加压单气控二位三通换向阀的结构示意图和图形符号。图 4-10a 所

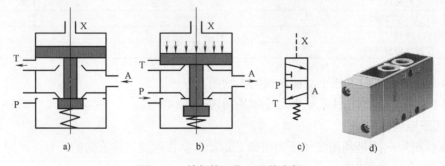

图 4-10　单气控二位三通换向阀

a）弹簧复位状态　b）控制口加气状态　c）图形符号　d）实物图

示为无控制信号 X 时，阀芯在弹簧与 P 口气压的作用下，P、A 口断开，A、T 口接通，阀处于复位状态；图 4-10b 所示为有加压控制信号 X 时，阀芯在控制信号 X 的作用下向下运动，P、A 口接通，A、T 口断开，阀处于动作状态。图 4-10c 所示为其图形符号，图 4-10d 所示为其实物图。

图 4-11 所示为滑柱式加压单气控二位五通换向阀结构示意图和图形符号，其工作过程与二位三通单气控阀类似。图 4-12a 所示为无控制信号 X 时，阀芯在弹簧的作用下位于左位，P 口与 B 口接通，A 口与 T_1 口接通，T_2 口处于关闭状态，阀处于复位状态；图 4-12b 所示为有加压控制信号 X 时，阀芯在控制信号 X 的作用下向右运动，P 口与 A 口接通，B 口与 T_2 口接通，T_1 口处于关闭状态，阀处于动作状态。图 4-12c 所示为其图形符号。

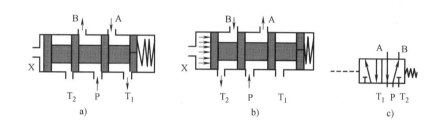

图 4-11　滑柱式加压单气控二位五通换向阀的结构示意图和图形符号
a）弹簧复位状态　b）控制口加气状态　c）图形符号

4. 消声器

在气动系统工作过程中，气缸、控制阀等气动元件将用过的压缩空气排向大气中时，由于排出气体的速度很高，气体体积急剧膨胀，产生涡流，引起气体振动，会发出强烈的排气噪声。排气噪声可达 100~120dB，危害人体健康，使作业环境恶化，工作效率降低。为了消除和减弱这种噪声，应在控制阀等气动元件的排气口处安装消声器。

常见的消声器有三种形式：吸收型、膨胀干涉型和膨胀干涉吸收型。图 4-12 所示为吸收型消声器结构示意图、图形符号及实物图。

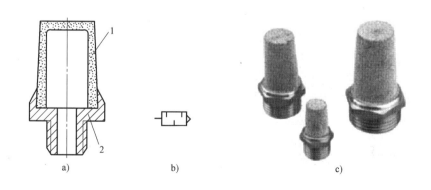

图 4-12　吸收型消声器
a）结构示意图　b）图形符号　c）实物图
1—消声罩　2—连接件

疑难诊断

问题1：按下手动换向阀后，气缸不动作，可能的原因是什么？

答：根据实践经验，引起气缸不动作的原因有很多，这里仅介绍几种常见的原因及其排除方法：

1）气源装置未正常供气。若气源供气阀未打开，则重新打开供气阀；若气源供气压力不足，则调整减压阀的供气压力。

2）气缸活塞卡死。若存在较大的非轴向负载，则拆除负载；若活塞滑行阻力大，润滑不良，则清除粉尘及异物，进行润滑。

3）换向阀不动作。若阀的滑行阻力大、润滑不良，则应清除粉尘，进行润滑；若密封圈变形老化，则更换密封圈；若弹簧损坏，则更换弹簧。

问题2：按下手动换向按钮后，气缸动作不是伸出而是作返回运动，如何调整？

答：1）换向阀选型存在错误。图4-13a、b所示都称为二位三通手动换向阀，但它们之间存在明显的区别，即常态时，气口通断状态不同：对于图4-13a，P口与A口处于断开状态；对于图4-13b，P口与A口则处于接通状态。

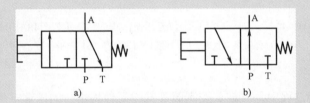

图4-13　两种常态形式二位三通手动换向阀比较

a）常闭式　b）常通式

2）连接气缸的进、出气管接反，交换进、出气管即可。

总结评价

通过以上的学习，对实践课题的完成情况和相关知识的了解情况作出客观评价，并填写表4-2。

表4-2　气动直接控制与间接控制回路的组建与调试任务评价

序号	评价内容	达标要求	自评	组评
1	FluidSIM-H气动仿真软件的使用	会使用气动仿真软件		
2	图形符号的识别、命名与读法	熟悉图形符号的识别方法，能正确读出气动元件的名称		
3	直接控制和间接控制直观理解	理解直接控制和间接控制方法，能按回路图组建并调节直接控制和间接控制回路		
4	回路的组建	能按回路图组建并调试回路		

（续）

序号	评价内容	达标要求	自评	组评
5	简单故障的排除	能对直接控制和间接控制回路中的简单故障进行诊断和排除		
6	文明实践活动	遵守纪律,按规程活动		
总体评价				
再学习评价记载				

知识拓展

截止式换向阀的特点

截止式换向阀和滑阀式换向阀是气动元件和液压元件的两种结构形式。截止式换向阀的结构是气动元件中比较常见的,而滑阀式换向阀常见于液压元件。图 4-14 所示为换向阀两种结构形式示意图。与滑阀式换向阀相比,截止式换向阀有如下特点:

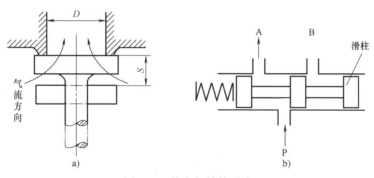

图 4-14　换向阀结构形式

a）截止式　b）滑柱式

1）阀芯的行程短,只要移动很小的距离就能使阀完全开启,故阀的开启时间短、流量特性好、结构紧凑,适用于大流量场合。

2）截止式换向阀一般采用软质材料（如橡胶）密封,且阀芯始终存在背压,所以关闭时密封性好、泄漏量小,但换向力较大,换向时冲击也较大,所以不宜用在灵敏度要求较高的场合。

3）抗粉尘及污染能力强,对过滤精度要求不高。

课后思考

1. 描述直接控制和间接控制的应用特点。

2. 如图 4-15 所示,二位五通手动换向阀能否用作二位三通手动换向阀,如何实现?

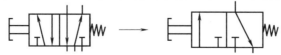

图 4-15　题 2 图

3. 读出图 4-16 中气动元件图形符号的名称。

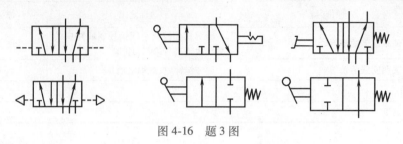

图 4-16　题 3 图

任务 2　气动逻辑控制回路的组建与调试

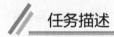　任务描述

逻辑控制在生活及工业生产中经常用到。例如，用甲、乙两只开关控制一盏电灯，仅当甲、乙两只开关同时合上时，电灯才点亮；或者甲、乙两开关只要有一只合上，灯就被点亮。对于前者，两开关构成逻辑"与"的关系；对于后者，两开关则构成逻辑"或"的关系，如图 4-17 所示。

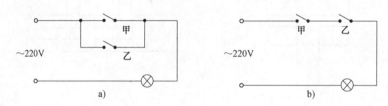

图 4-17　电灯的控制
a)"或"关系　b)"与"关系

在气动系统中，控制执行元件动作的信号往往有多个，信号之间常常需要建立一定的逻辑关系。处理这些输入控制信号之间的逻辑关系，实现执行元件的动作，是逻辑控制回路的主要功能。

逻辑关系有"是""非""与""或""与非""或非""同或"等，但"与""或"是气动控制系统中最为常见的逻辑关系。

图 4-18 所示为用一个双作用气缸控制剪刀作剪切运动的木材剪切机。为了保证施工者的安全，避免由于误动作造成人身意外伤害，要求施工者在切断起动过程中必须采用双手操作，即当施工者两手同时按下控制按钮或手柄后，气缸才作剪切动作；当松开任一控制按钮后，气缸作返回动作。本次任务是实现对木材剪切机的逻辑控制。

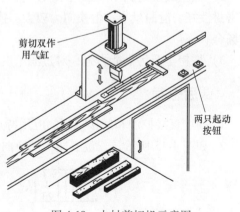

图 4-18　木材剪切机示意图

实践课题

木材剪切机的逻辑控制

1. 回路图（图4-19）

2. 回路分析

两个控制方案均采用1、2两只气控换向阀控制气缸动作。方案1采用两气控换向阀串联；方案2引入一只双压阀，实现"与"逻辑。

3. 实施步骤

1）利用 FluidSIM-P 气动仿真软件进行运动仿真。

2）在教师的帮助下，按回路图中的元件图形符号选择合适的气缸、换向阀等气动元件。

3）在实训平台上固定气动元件。

4）分别按方案1和方案2进行回路的连接，并检查连接是否正确。

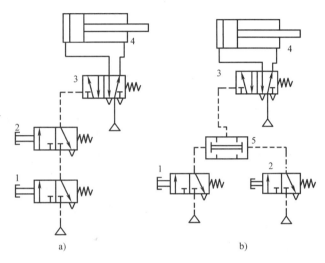

图4-19 木材剪切机的逻辑控制回路图
a）控制方案1 b）控制方案2
1、2—二位三通单气控阀 3—二位五
通单气控阀 4—气缸 5—双压阀

5）打开气源，首先分别按下气控阀1、2的按钮，观察气缸运动情况；然后分别松开按钮，观察气缸运动情况。

6）判断该回路是否实现"与"逻辑，即当且仅当阀1、2同时按下时，气缸才动作。

7）经教师检查评估后，关闭气源，拆下管路和元件，并将其放回原位。

知识链接

1. 双压阀

双压阀属于方向控制阀，它有两个输入口（X和Y）和一个输出口A。如图4-20a所示，若X口先输入压缩空气，Y口随后也输入压缩空气，则Y口的压缩空气由A口输出；若Y口先输入压缩空气，情况亦然。若X口和Y口输入的压缩空气压力不等，则压力高的一侧被封闭，而低压侧的压缩空气通过A口输出。当压缩空气单独由X口或Y口输入时，其压力促使阀芯移动，封闭了与输出口A的通道，即A口无气体输出。在逻辑控制中，双压阀又称为"与门"逻辑元件。图4-20b、c所示分别为双压阀的图形符号和实物图。

2. 梭阀

与双压阀一样，梭阀也属于方向控制阀，它也有两个输入口（X和Y）和一个输出口A。如图4-21a所示，当压缩空气仅从X口输入时，阀芯将Y口封闭，X口压缩空气从A口输出；反之，Y口压缩空气从A口输出。当X口、Y口同时进气时，哪端压力高，A口就与哪端相通，另一端就自动关闭。由于阀芯像织布梭子一样来回运动，因而称为梭阀，它相

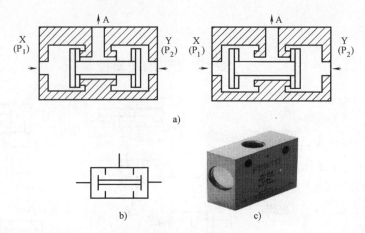

图 4-20　双压阀
a）工作过程图　b）图形符号　c）实物图

当于两个单向阀的组合。图 4-21b、c 所示分别为梭阀的图形符号和实物图。在逻辑控制中，梭阀又称为"或门"逻辑元件。

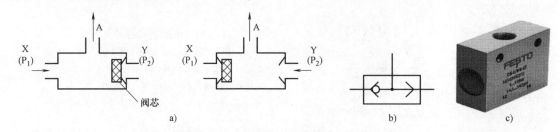

图 4-21　梭阀
a）工作过程图　b）图形符号　c）实物图

3. 逻辑回路

逻辑功能可由逻辑元件实现，也可以由方向控制阀实现。下面介绍由方向控制阀实现的几种基本逻辑回路。

（1）是门回路　一个常断式二位三通阀就是一个是门回路，如图 4-22 所示。当有气控信号 X 时，阀有气输出；当没有气控信号 X 时，阀没有气输出。因此，起动按钮也是一个是门。

（2）非门回路　若把二位三通阀换成常通式，就是一个非门回路，如图 4-23 所示。当没有气控信号 X 时，阀有气输出；当有气控信号 X 时，阀反而没有气输出。因此，停止按钮也是一个非门。

图 4-22　是门回路　　　　　　　　图 4-23　非门回路

（3）与门回路　把两个常断式二位三通阀按图4-24a所示串联起来，就成了一个与门回路。图4-24b所示为将常断式二位三通的气源口作为信号输入口，也成为一个与门回路。在锻压和成形机床中，为避免事故发生，常采用与门回路，要求双手按下操作按钮时机床才能正常工作。前面已述，一个双压阀也是一个与门回路。

（4）或门回路　把两个常断式二位三通阀按图4-25所示并联起来，就组成了一个或门回路。由图可见，两个阀中只要有一个换向，或门回路就有气输出。前面已述，一个梭阀也是一个或门回路。或门回路常用于需要进行两地控制的回路。

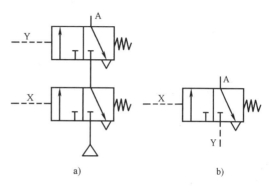

图4-24　与门回路

（5）记忆回路　一个双气控二位五通阀就是一个双输出的记忆回路，如图4-26所示。当有X信号时，A端有输出，B端无气；若此时X信号消失，则阀仍保持A端有输出状态，即"记忆"。反之，若有Y信号B端有输出，A端无气；若此时Y信号消失，则阀仍保持B端有输出状态。但要注意，X、Y端不能同时有信号输入，否则会出现不定状态。

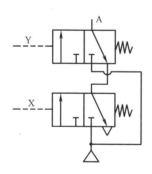

图4-25　或门回路

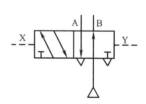

图4-26　记忆回路

疑难诊断

问题1：若将实践课题中的双压阀误装成梭阀，情况将如何？
答：只要按下控制阀1、2中的任何一个，气缸都将作剪切动作，即失去了安全保护作用。
问题2：对于实践课题，若控制阀1、2均已经按下，但气缸仍不动作，试分析可能的原因。
答：1）气源没有打开，检查相关气源供给控制阀。
2）控制阀选成常通型，更换控制阀，选择常闭型。
3）双压阀阀芯卡死，检查或更换双压阀阀芯。

总结评价

通过以上的学习，对实践课题完成情况和相关知识了解情况作出客观评价，并填写表4-3。

表 4-3　气动逻辑控制回路的组建与调试任务评价

序号	评价内容	达标要求	自评	组评
1	与回路	理解与回路的实现方法及双压阀，能够快速识读与回路，理解其应用特点，能组建并调试与回路		
2	或回路	理解或回路的实现方法及梭阀，能快速识读或回路，理解其应用特点，能组建并调试或回路		
3	其他逻辑回路	熟悉是、非、记忆等逻辑回路的逻辑功能及其实现方法		
4	简单故障的排除	初步具备应用逻辑方法分析故障的能力		
5	文明实践活动	遵守纪律，按规程活动		
总体评价				
再学习评价记载				

 课后思考

1. 采用图 4-27 所示的回路，能否实现实践课题中的控制要求？

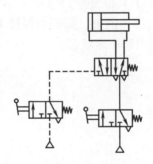

图 4-27　题 1 图

2. 图 4-28 所示回路中的气缸活塞伸出和返回的条件分别是什么？

3. 如图 4-29 所示，若将两个常断式二位三通阀直接并联，能否实现或门关系？

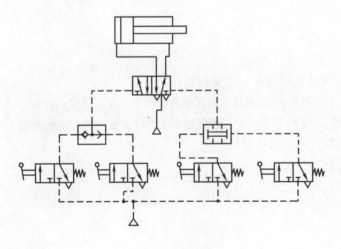

图 4-28　题 2 图

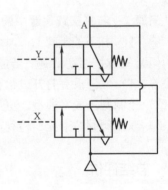

图 4-29　题 3 图

任务3　气动行程程序控制回路的组建与调试

任务描述

在4×100m接力赛中，要求四名运动员按照先后顺序分别跑完100m，即第一位出发的运动员跑完100m后，第二位运动员才可以接着跑，以此类推，直到第四位运动员跑完最后100m。后一位运动员能否跑（动作），关键是看前一位运动员是否能把接力棒顺利地交给后一位运动员，如图4-30所示。这里的接力棒交接，实质上就是下一位运动员的起跑动作信号。

同样，气动行程程序控制回路中的每一个动作都是由前一个动作的完成信号来起动的。因此在回路中，应该有对前一个动作完成到位情况进行检测的检测元件，即位置传感器。对于气缸运动，可在气缸活塞动作到位后，通过安装在气缸活塞杆或缸体相应位置的位置检测元件发出的信号，起动下一个动作。也就是说，在一个回路中有多少个动作步骤，就有相应多个位置检测元件。有时，在安装位置检测元件比较困难或根本无法进行位置检测时，行程信号也可用其他类型的信号来代替，如时间、压力信号等。此时，所用的的检测元件也不再是位置传感器，而是相应的时间、压力检测元件。

1. 分任务1

以图4-31所示的送料装置为例，在气缸动作开始和结束位置增设两个位置检测元件，用以对气缸行程程序进行控制，实现气缸的单往复或多往复运动。

图4-30　接力赛运动交接（动作传递）

图4-31　单气缸送料装置行程控制示意图

位置检测
元件

2. 分任务2

在分任务1的基础上，再设置一个送料气缸，完成物料先向右、后向前的推送操作，如图4-32所示。气缸 A_1、A_2 两端装有接近开关，用作位置检测元件，以对双气缸的行程进行控制，并要求气缸 A_1、A_2 按照 A_1 缸伸出、返回，然后 A_2 缸伸出、返回的顺序作单往复或多往复运动。

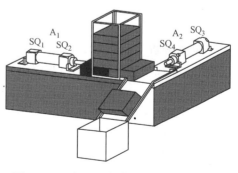

图4-32　双气缸送料装置行程控制示意图

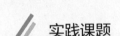

实践课题

分任务1实践课题 单气缸送料装置行程控制

1. 气动回路图及控制电路（图4-33）

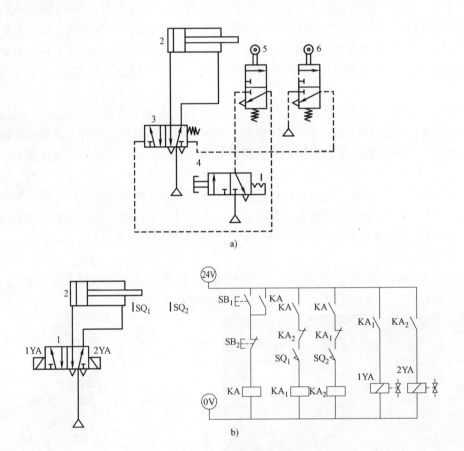

图4-33 送料装置行程控制回路图及控制电路图
a）控制方案1 b）控制方案2

1—二位五通双电控换向阀 2—气缸 3—二位五通双气控换向阀 4—带定位手动二位三通换向阀

5、6—二位三通行程换向阀 SQ$_1$、SQ$_2$—行程开关或常开常闭触点 1YA、2YA—电磁铁或

线圈 SB$_1$、SB$_2$—常开或常闭电气按钮 KA、KA$_1$、KA$_2$—中间继电器线圈或常开常闭触点

2. 回路分析

控制方案1中选择了两个行程阀作为位置检测元件；控制方案2中选择了两个行程开关作为位置检测元件。对于方案1，行程阀6是气缸返回信号发生元件；对于方案2，行程开关 SQ$_2$ 是气缸返回信号发生元件。当撞块压下行程阀6或行程开关 SQ$_2$ 时，发出信号通知气缸作返回运动。

3. 实施步骤

1）利用 FluidSIM-P 气动仿真软件进行运动仿真。

2）在教师的帮助下，按回路图中的元件图形符号选择合适的气缸、换向阀等气动元件以及电气元件。

3）在实训平台上固定气动元件和电气元件。

4）分别按方案 1 和方案 2 进行回路的连接，并检查连接是否正确。对于方案 2，还需按控制电路图接好控制电路。

5）打开气源，按下起动换向阀或起动开关，观察气缸能否作往复运动。

6）经教师检查评估后，关闭气源，拆除管路和元件，并将其放回原位。

分任务 2 实践课题　双气缸送料装置行程控制

1. 气动回路图及控制电路（图 4-34）

2. 回路分析

方案 1 选择了 4 个行程阀作为位置检测元件；方案 2 选择了 4 个接近开关作为位置检测元件。对于方案 1，行程换向阀 5、7 是气缸返回信号发生元件；对于方案 2，接近开关 SQ_2、SQ_4 是气缸返回信号发生元件。当撞块压下行程换向阀 5、7 或活塞运动到接近开关 SQ_2、SQ_4 时，系统发出信号通知气缸作返回运动。

3. 实施步骤

1）利用 FluidSIM-P 气动仿真软件进行运动仿真。

2）在教师的帮助下，按回路图中的元件图形符号选择合适的气缸、换向阀等气动元件，以及电气元件。

3）在实训平台上固定气动元件。

4）分别按方案 1 和方案 2 进行回路的连接，并检查连接是否正确。对于方案 2，还需按控制电路图接好控制电路。

5）打开气源，按下起动换向阀按钮或起动开关，观察气缸能否作往复运动。

6）经教师检查评估后，关闭气源，拆除管路和元件，并将其放回原位。

知识链接

1. 机械控制换向阀

机械控制换向阀是利用安装在工作台上的凸轮、撞块或其他机械外力来推动阀芯动作，实现换向的换向阀。由于它主要用来控制和检测机械运动部件的行程，所以一般也称为行程阀。行程阀常见的操控方式有顶杆式、滚轮式、单向滚轮式等，分别如图 4-35a、b、c 所示。

顶杆式行程阀是利用机械外力直接推动阀杆的头部，改变阀芯位置，实现换向的一种形式。滚轮式行程阀的头部安装有滚轮，可以减少阀杆所受的侧向力。单向滚轮式行程阀常用来排除回路中的障碍信号，其头部滚轮是可折回的，只有在撞块从正方向通过滚轮时才能压下阀杆发生换向；反向通过时，行程阀不换向。

2. 电磁控制换向阀

电磁控制换向阀由电磁铁控制部分和主阀部分组成。电磁控制换向阀按控制方式不同，分为直动式电磁换向阀和先导式电磁换向阀两种。

图 4-36 所示为直动式单电控电磁换向阀。图 4-36a 所示为断电状态，图 4-36b 所示为通

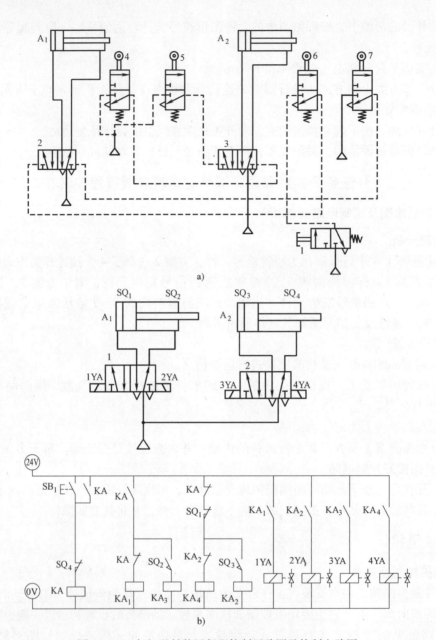

图 4-34 双气缸送料装置行程控制回路图及控制电路图

a）控制方案 1　b）控制方案 2

1—二位三通手动换向阀　2、3—二位五通双气控换向阀　4、5、6、7—二位三通行程换向阀

电状态。从图中可知，这种电磁阀阀芯移动的动力来源是电磁铁产生的电磁力，靠弹簧复位，因而换向冲击较大，故一般只制成小型的阀。图 4-36c、d 所示为该电磁阀的图形符号和实物图。

图 4-37 所示为直动式双电控电磁换向阀。图 4-37a 所示为电磁铁 1 通电、2 断电时的状态，图 4-37b 所示为 2 通电、1 断电时的状态。可见，这种阀的两个电磁铁不能同时通电，否则会产生误动作。图 4-37c 所示为其图形符号。

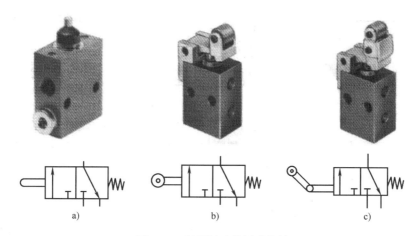

图 4-35　行程阀及其图形符号

a）顶杆式　b）滚轮式　c）单向滚轮式

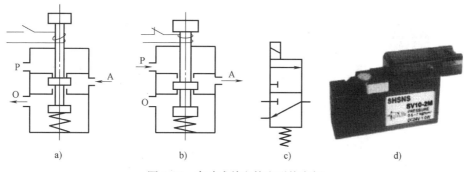

图 4-36　直动式单电控电磁换向阀

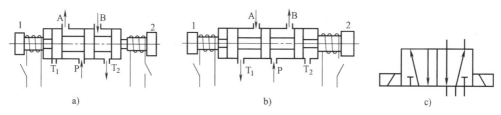

图 4-37　直动式双电控电磁换向阀

1、2—电磁铁

图 4-38 所示为先导式双电控电磁换向阀。当电磁先导阀 1 的线圈通电（先导阀 2 的线圈必须断电）时，主阀的 K_1 腔进气、K_2 腔排气，主阀芯右移，P 与 A、B 和 T_2 接通，如图 4-38a 所示；反之，则 K_2 腔进气、K_1 腔排气，主阀芯左移，P 与 B、A 和 T_1 接通，如图 4-38b 所示。图 4-38c 所示为其图形符号。

3. 行程开关

行程开关也称为限位开关，包括无机械触点的接近开关和有机械触点的行程开关。

图 4-39a 所示为常见的机械接触式行程开关的外形结构，有直动式、滚轮式、可通过滚轮式及微动式等形式。图 4-39b 所示为行程开关的结构原理图，在机械外力的作用下，操纵

杆克服复位弹簧力，使动触点与静触点接触或分离，以控制相关电路的接通或断开。

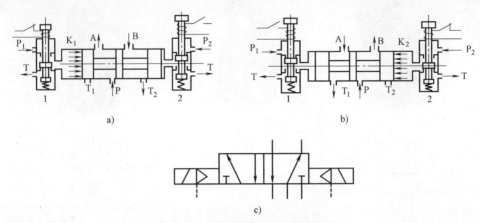

图 4-38　先导式双电控电磁换向阀

1、2—电磁先导阀

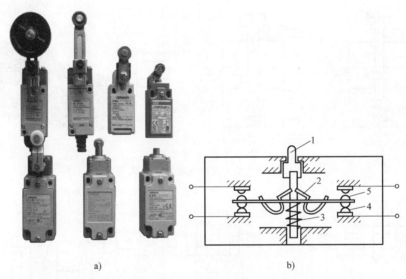

图 4-39　行程开关

a）常见行程开关的外形　b）结构原理图

1—操纵杆　2—弓形弹簧　3—复位弹簧　4—静触点　5—动触点

　　在气动系统中，常用作位置检测的无机械触点的接近开关有电感传感器、电容传感器、光电传感器和磁性开关。在上述几种接近开关中，磁性开关是气动系统所特有的，它是利用安装在气缸活塞上的永久磁环和直接安装在缸筒上的传感器（磁性开关）来检测气缸活塞的位置。磁性开关省去了安装其他类型传感器时所必需的支架连接件，节省了空间，安装调试也简单得多。

▣ 资料卡

　　磁性开关的主要技术参数有开关逻辑、工作电压、最大开关电流、最大开关容量、保护等级等。

如图 4-40 所示，当气缸移动的磁环靠近磁性接近开关时，舌簧开关的两根簧片被磁化而使触点闭合，产生电信号；当磁环离开磁性开关后，簧片失磁，触点断开。为确保磁环能检测到缸筒上的传感器，缸筒必须采用导磁性弱、隔磁性强的材料，如铝合金、不锈钢、黄铜等。

安装磁性接近开关时，应注意以下事项：

1）在无屏蔽的情况下，磁性接近开关和最近的气缸磁场之间的距离至少应为 60mm。

2）不能置于有强磁场的地方（如电焊机），以避免电磁场干扰。

3）由于开关存在迟滞距离。因此，在安装开关时，可借助开关上的指示灯，使气缸在空载状态下移动活塞杆位置，反复数次，直到确定开关的位置为止。

4）为适应不同的气缸结构和安装方式，应选择与之相适应的接近开关。接近开关在气缸上的安装方式如图 4-41 所示 。

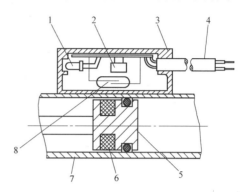

图 4-40　磁性开关的工作原理
1—动作指示灯　2—保护电路　3—开关外壳　4—导线
5—活塞　6—磁环　7—缸筒　8—舌簧开关

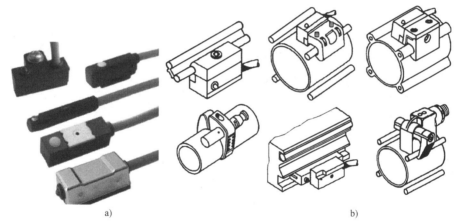

图 4-41　磁性接开关及其在气缸上的安装方式
a）实物图　b）安装方式

4. 中间继电器

中间继电器是用来增加控制电路中的信号数量或将信号放大的继电器，图 4-42a 所示为比较常见的中间继电器形式。由图 4-42b 可知，线圈得电后，铁心被磁化而吸引衔铁，克服复位弹簧力，使其内部的多组动、静触点接合或分离，从而控制电路接通或断开。

疑难诊断

分任务 1

问题 1：对于实践课题，打开气源，按下气动按钮或手动换向阀后，气缸不动作。可能的原因有哪些？

答：1）气缸在原位时（收缩状态），行程阀 5 或行程开关 SQ_1 未压下。检查行程阀 5 或行程开关 SQ_1 的状态，使其处于工作状态。

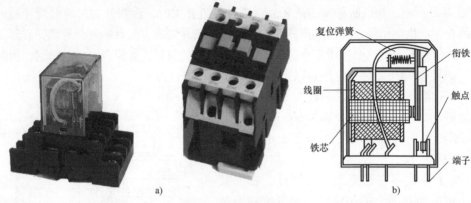

图 4-42　中间继电器

a) 实物图　b) 结构原理图

2）对于方案2，电气控制电路接错。检查线路，确定在按下起动按钮后，继电器 KA_1 动作，1YA 处于得电状态。

分任务2

问题2：对于实践课题，气缸伸出后不能自动返回，可能的原因有哪些？

答：1）气缸在到达终点后，行程阀6或行程开关 SQ_2 未被撞块压下。检查行程阀6或行程开关 SQ_2 的工作状态，调整其安装位置。

2）对于方案2，电气控制电路接错。检查线路，确定在 SQ_2 被压下后，继电器 KA_2 动作，2YA 处于得电状态。

总结评价

通过以上的学习，对实践课题的完成情况和相关知识的了解情况作出客观评价，并填写表4-4。

表 4-4　气动行程程序控制回路的组建与调试任务评价

序号	评价内容	达 标 要 求	自评	组评
1	行程阀、行程开关	熟悉行程阀和行程开关的工作原理、连接方式、图形符号等		
2	行程控制回路	能读懂行程控制回路，能正确描述动作信号及动作转换，能正确组建并调试行程控制回路		
3	继电控制电路	能读懂继电控制电路，能独立完成电路的接线和调试		
4	简单故障的排除	能够初步分析并排除回路故障和电路故障		
5	文明实践活动	遵守纪律，按规程活动		
总体评价				
再学习评价记载				

知识拓展

电气控制回路简介

气动顺序控制系统分为全气动控制方式和电气控制方式。由于电气控制方式的信号传输速度快、元件品种规格齐全，在气动顺序控制中采用电气控制方式的越来越多。一般来说，电气控制方式更适用于复杂的要求远距离和集中控制的气动装置。

1. 基本电气逻辑回路

为了读懂电气逻辑控制回路，应熟悉基本电气逻辑回路，见表4-5。

表4-5　常用电气逻辑回路

逻辑门	电气回路	说明	逻辑门	电气回路	说明
是		按下 a，则继电线圈得电，常用作起动	或		只要 a 或 b 中有一个被按下，继电线圈便得电，常用作多地控制
非		按下 a，则继电线圈失电，常用作停止	与		当且仅当 a、b 同时按下时，继电线圈才得电，常用作安全保护
禁		按下 b 后，a 动作与否都不会使继电线圈得电；当 b 未按下时，a 才起作用。常用作互锁控制	记忆		a 按下后，继电线圈 J 得电，再松开 a，继电线圈 J 仍然得电（记忆），直到按下 b 时，继电线圈 J 才失电

2. 手动操作回路

图4-43 所示为只有当按钮 a 按下时，A 缸才伸出的手动单电操作回路。此回路中，换向阀是单电控式，按钮 a 一松开 A 缸即返回。

图4-44 所示的回路采用了能保持记忆的双电控换向阀，按钮 a 被按下后，换向阀换向，即使按钮 a 松开，气缸仍保持在伸出位置上。若要缸 A 返回原位，需按下按钮 a 后才行，同样，按钮 b 松开后，缸 A 仍保持在返回位置上。

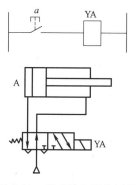

图4-43　手动单电操作回路

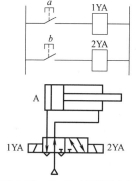

图4-44　手动双电操作回路

3. 自保回路

如图4-45 所示，当按钮 a 按下时，线圈 J 通电，即使 a 松开，因 J 触点闭合后有自保能力仍能使缸 A 伸出。只有按钮 b 按下后，缸 A 才返回原位。

4. 单往复自动操作回路

如图4-46 所示，当按钮 a 按下后，加入脉冲输入信号，因继电器 J_1 自保，故电磁阀线圈 YA 通电，使气缸 A 伸出。当气缸 A 的撞块压下行程开关 a_1 后，继电器 J_2 断开，自保回路断电，电磁线圈 YA 也断电，使气缸 A 返回原位。

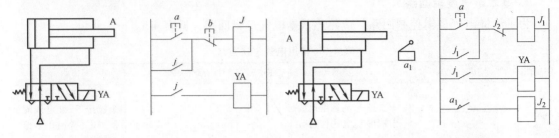

图 4-45　自保回路　　　　　　图 4-46　单往复自动操作回路

5. 连续自动往复回路

如图 4-47 所示，当按钮 a 按下后，缸 A 随即不断伸出和缩回而不停工作，直到按钮 b 按下后才停止工作。按下按钮 a 后，J_1 自保。在此状态下，因行程开关 a_0 被压下，J_2 处于自保状态，即线圈 YA 通电，缸 A 前进伸出。当撞块压下 a_1 后，即解除了 J_2 自保，使缸 A 缩回。如此往复不停，直到停止按钮 b 按下，取消 J_1 自保，方停止工作。

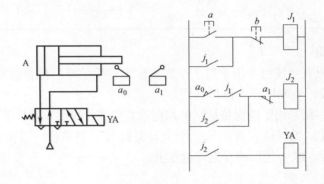

图 4-47　连续自动往复回路

课后思考

1. 归纳行程控制过程中常用的位置检测元件。

2. 比较分任务 2 实践课题中两种方案的优点和缺点。

3. 若要使分任务 1 实践课题中的气缸作一次往复，应如何修改气动回路和电气电路？

4. 若将分任务 1 实践课题中的控制方案 2 改成图 4-48 所示回路，则如何实现连续往复运动？

5. 如何改进分任务 2 实践课题中控制方案 2 的电路，使其停止工作？

6. 如何改进分任务 2 实践课题中控制方案 2 的电路，使其实现 A_2 缸前进时 A_1 缸前进，A_2 缸返回时 A_1 缸返回动作？

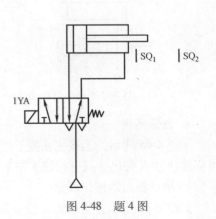

图 4-48　题 4 图

任务 4   气动多缸动作控制回路的组建与调试

任务描述

在气压传动系统中，为完成多个动作，对多个气缸的控制并不少见，如图 4-49 所示的气动夹具和 5D 动感影院气动平台等。在前面的任务中，主要完成对一个或两个气缸的程序控制，这为实现两个以上气缸的控制打下了基础。

多增加一个或几个气缸，从气动回路上看并没有复杂多少，更多的是通过改变控制电路，来实现多缸不同程序的动作要求。随着 PLC 技术的出现，传统继电器控制方式受到了挑战，特别是对于较为复杂的程序控制电路，PLC 技术具有独特的优势。

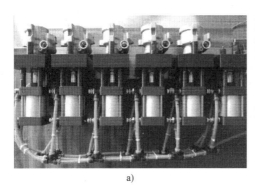

a)   b)

图 4-49   多缸动作实例

a）气动夹具   b）5D 动感影院气动平台

本次任务是完成对具有三只气缸的气动打孔机程序控制回路的组建和调试。如图 4-50 所示，该气动打孔机有夹紧气缸、推料气缸和钻孔气缸各一只，其工作过程是：夹紧气缸 A 将工件从料斗中退出并夹紧→钻孔气缸 B 带动钻头作进给运动→钻孔完毕后，钻孔气缸 B 带动钻头返回→夹紧气缸 A 松开工件，并返回至原位→推料气缸 C 将加工后的工件推至工件框中→推料气缸返回原位，至此完成一个工件加工。重复上述动作程序，即可完成第二个

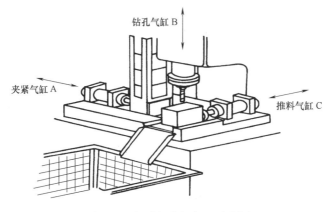

图 4-50   气动打孔机加工示意图

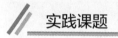

工件的加工，如此循环。

实践课题

气动打孔机多缸程序控制

1. 气动回路图及控制电路

气动回路图如图 4-51 所示。

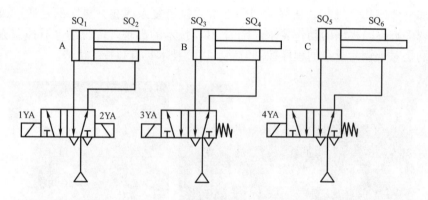

图 4-51 气动打孔机的气动回路图

气动打孔机 PLC 控制接线图如图 4-52 所示。

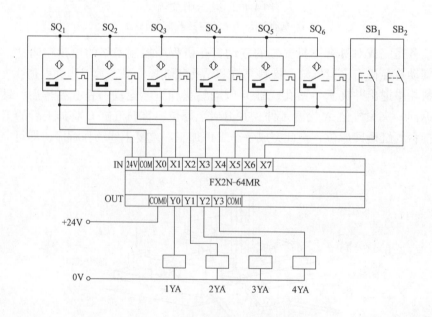

图 4-52 气动打孔机 PLC 控制接线图

气动打孔机 PLC 控制电路地址分配见表 4-6。

表 4-6　气动打孔机 PLC 控制电路地址分配

输入地址	元件符号	说　明	输出地址	元件符号	说　明
X0	SQ_1	气缸 A 退回位置,传感器	Y0	1YA	控制气缸 A 伸出,电磁阀
X1	SQ_2	气缸 A 伸出位置,传感器	Y1	2YA	控制气缸 A 缩回,电磁阀
X2	SQ_3	气缸 B 退回位置,传感器	Y2	3YA	控制气缸 B 伸出,电磁阀
X3	SQ_4	气缸 B 伸出位置,传感器	Y3	4YA	控制气缸 C 伸出,电磁阀
X4	SQ_5	气缸 C 退回位置,传感器			
X5	SQ_6	气缸 C 伸出位置,传感器			
X6	SB_1	起动按钮			
X7	SB_2	停止按钮			

气动打孔机 PLC 控制梯形图如图 4-53 所示。

2. 气动回路及控制电路分析

该气动回路共有 3 只气缸,3 只气缸分别由 3 个二位五通电磁阀控制。每只气缸上装有两只行程开关,作为气缸在前进或后退动作结束后的信号发生元件。由此可见,信号输入元件是行程开关 SQ_1 ~ SQ_6,驱动元件是 1YA、2YA、3YA 和 4YA。为配合控制,控制电路还增设了起动按钮 SB_1 和停止按钮 SB_2。动作转换通过编制 PLC 程序来实现。

3. 实施步骤

1)利用 FluidSIM-P 气动仿真软进行运动仿真。

2)在教师的帮助下,按照回路图选择合适的气缸、换向阀等气动元件。

3)按照气动回路图完成气动管路的连接。

4)按照 PLC 接线图完成电气控制电路的连接。

5)按照梯形图,应用 SWOPC-FXGP/WIN-C 编程软件,完成程序的编制与调试。

6)打开气源,按下起动按钮,观察 3 个气缸的动作顺序;按下停止按钮,观察气缸是否复位。

7)在教师的帮助下,分析并排除动作过程中出现的故障;

8)总结,整理场地。

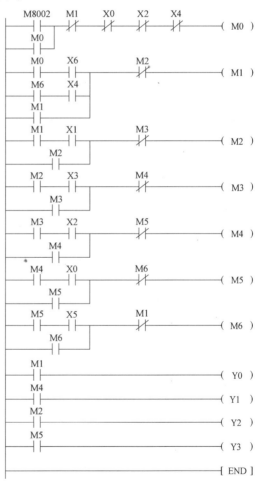

图 4-53　气动打孔机 PLC 控制梯形图

知识链接

可编程序控制器与梯形图编程

1. 可编程序控制器

可编程序控制器（PLC）是计算机技术和继电器常规控制概念相结合的产物，是一种以

微处理器为核心用于数字控制的特殊计算机。其硬件配置与一般微型计算机类似，主要由中央处理单元（CPU）、存储器、输入/输出接口、电源、编程器等组成，如图4-54所示。图4-55所示为可编程序控制器的外形结构。

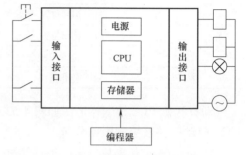

图4-54　可编程序控制器的组成

根据预定的工作顺序，由计算机将控制程序输入存储器中。工作时，CPU根据输入信号的变化和存储器中输入的程序作比较后进行运算，送到输出接口处理后，使外部链接的元件工作。

输入接口将接入外部各种按钮、行程开关和一些仪表的接点，并变换为CPU可接受的电压；输出接口则将CPU输出信号进行放大以驱动负载。

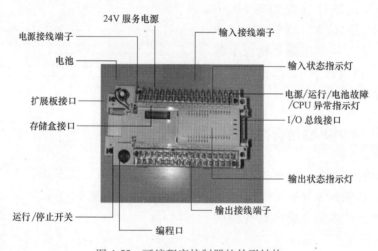

图4-55　可编程序控制器的外形结构

2. 梯形图编程

梯形图是可编程序控制器常用的编程方法之一。

梯形图由一些触点、编程元件线圈、垂直的左右母线（或只有左母线）和其他连接线组成，如图4-56所示。采用梯形图编程时，PLC程序中的"与""或"逻辑运算利用触点的串联、并联表示；"非"逻辑运算利用"常闭"触点表示；逻辑运算结果利用"线圈"的形式输出，其程序与继电器

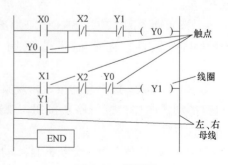

图4-56　梯形图

控制电路十分相似。

　　梯形图中所使用的输入、输出和内部继电器等编程元件的"常开""常闭"触点，其本质是 PLC 内部某一存储器的数据"位"的状态。因此，梯形图中的触点可以在程序中被无限次地使用，而不像物理继电器那样，受到实际安装触点数量的限制。由于同样的原因，梯形图中的"输出线圈"也可以在程序中进行多次赋值。此外，梯形图中的"连线"仅代表指令在 PLC 中的处理顺序（"从上至下""从左至右"），而不像继电器控制线路那样存在实际电流。

　　梯形图程序的最大特点是程序形象、直观，即使是不同厂家生产的 PLC，其形式仍十分相似，容易阅读与理解。FX PLC 基本顺控指令及梯形图见表 4-7。

表 4-7　FX PLC 基本顺控指令及梯形图

指令	梯形图	操作数	功能说明
取指令 LD	X 常开触点	X,Y,M,S,T,C	常开触点逻辑运算开始
取反指令 LDI	X 常闭触点	X,Y,M,S,T,C	常闭触点逻辑运算开始
线圈输出指令 OUT	(Y)	Y,M,S,T,C	线圈输出
与指令 AND	X1 X2	X,Y,M,S,T,C	常开触点串联
或指令 OR	X1 / X2	X,Y,M,S,T,C	常开触点并联
与非指令 ANI	X1 X2	X,Y,M,S,T,C	常闭触点串联
或非指令 ORI	X1 / X2	X,Y,M,S,T,C	常闭触点并联
置位指令 SET	X SET M0		线圈接通保持
复位指令 RST	X RST M0		线圈接通保持清除
NOP 空操作	消除流程程序		无动作
END 结束	顺序控制结束回到"0"		PLC 程序结束

　　注：X 表示输入接口寄存器；Y 表示输出接口寄存器；M 表示辅助寄存器；S 表示状态寄存器；T 表示延时器；C 表示计数器。

疑难诊断

问题：按下手动换向阀后，气缸不动作，试分析原因。

答：1）无压缩空气；检查气源。

2）换向阀故障，阀芯卡死等；检查或更换阀或阀芯。

3）行程开关故障；检查或更换行程开关。

4）控制程序未执行；检查并重新输入控制程序。

5）控制程序错误；重新调试。

 总结评价

通过以上的学习，对实践课题的完成情况和相关知识的了解情况作出客观评价，并填写表 4-8。

表 4-8　气动多缸动作控制回路的组建与调试任务评价

序号	评价内容	达 标 要 求	自评	组评
1	PLC	熟悉 PLC 的结构及应用特点		
2	PLC 程序操作	能识读 PLC 程序（梯形图等），能编制简单的 PLC 控制程序，能使用 SWOPC-FXGP/WIN-C 编程软件进行程序的调试等操作		
3	简单故障的排除	能够初步分析并排除气动回路故障和控制电路故障		
4	文明实践活动	遵守纪律，按规程活动		
总体评价				
再学习评价记载				

课后思考

1. 将本项目任务 3 中实践课题的继电器控制改成 PLC 控制，试编制其梯形图，并实现控制要求。

2. 与继电器控制相比，PLC 控制具有哪些优势？

任务 5　气动速度和时间控制回路的组建与调试

任务描述

通常情况下，气压传动系统中气缸的速度控制是指气缸活塞从开始运动到其行程终点的平均速度的控制。在大多数气动回路中，气动执行元件动作的速度都应该是可调的，如工件或刀具的夹紧、物料的提升和放下、不同材质工件的冲压加工等。

影响气缸活塞运动速度的因素主要有工作压力、缸径，以及控制阀与气缸间气管的截面积等。要降低气缸活塞的运动速度，一般可以通过选择小通径的控制阀或安装节流阀来实现；要提高气缸活塞的运动速度，可通过增大管道的流通截面积，或使用通径大的控制阀，或采用快速排气阀等来实现。其中，使用节流阀和快速排气阀均是通过调节进入气缸的压缩空气的流量或气缸空气排出的流量来实现速度控制的。

对于时间控制，采用电气控制方式，用时间继电器可以很方便地实现；采用气动控制方式，则需要用专门的延时阀来实现。

（1）分任务1　送料装置的速度控制。以本项目任务1中的送料装置为例，送料时作慢速推进，送料结束后，接近开关动作，通知气缸快速返回，以实现对气缸的速度控制。

（2）分任务2　压模机的速度和时间控制。在压模加工时，由气缸驱动，带动模具作慢速推进动作，并进行压制加工，为保证压制效果，应在压制10s后，气缸活塞才作快速返回运动，如图4-57所示。

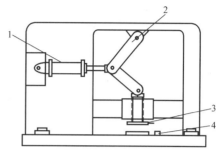

图4-57　压模机结构示意图

1—气缸　2—增力机构　3—模具　4—行程阀

实践课题

分任务1实践课题　送料装置的速度控制

1. 气动回路图及电气控制图（图4-58）

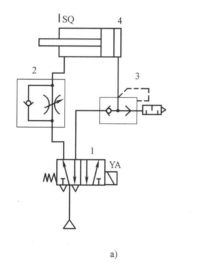
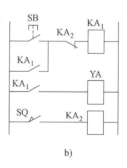

a)　　　　　　　　　　　　　b)

图4-58　送料装置直接控制气动回路图及电气控制图

a）气动回路图　b）电气控制图

1—二位五通电磁阀　2—单向节流阀　3—带消声器的快速排气阀　4—气缸

2. 回路分析

当电磁铁YA得电后，气体经过单向节流阀实现节流控制，从而控制气缸推进速度；推进行程结束后，行程开关SQ动作，通知电磁铁YA失电，气体经过单向节流阀中的单向阀进入气缸的有杆腔，气缸无杆腔的气体经过快速排气阀直接排到大气中，实现快速排气。

3. 实施步骤

1）利用 FluidSIM-P 气动仿真软件进行运动仿真。

2）在教师的帮助下，按气动回路图选择合适的气缸、换向阀等气动元件，按电气控制图选择电气元件。

3）在实训平台上固定气动元件。

4）按气动回路图连接管路，按电气控制图连接电路，并检查连接是否正确。

5）打开气源，按下起动按钮，观察气缸的运动速度。

6）经教师检查评估后，关闭气源，拆下管路和元件，并将其放回原位。

<h3 align="center">分任务 2 实践课题　压模机的速度和时间控制</h3>

1. 气动回路图（图 4-59）

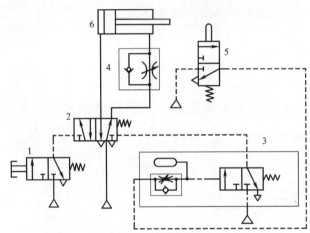

图 4-59　压模机的速度和时间控制回路图

1—二位三通手动阀　2—二位五通双气控阀　3—延时阀
4—单向节流阀　5—二位三通行程阀　6—气缸

2. 回路分析

此回路采用二位五通双气控阀实现气缸换向，由单向节流阀控制推进速度，延时阀控制压模时间，二位三通行程阀动作通知延时阀延时，延时结束后自动换向。

3. 实施步骤

1）利用 FluidSIM-P 气动仿真软件进行运动仿真。

2）在教师的帮助下，按气动回路图选择合适的气缸、换向阀等气动元件。

3）在实训平台上固定气动元件。

4）按气动回路图连接管路，并检查连接是否正确。

5）打开气源，按下起动按钮，观察气缸运动速度及终点延时情况。

6）经教师检查评估后，关闭气源，拆下管路和元件，并将其放回原位。

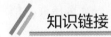　知识链接

1. 流量控制阀

在气动系统中，经常要求控制气动执行元件的运动速度，这就要靠调节压缩空气的流量

来实现。流量控制阀是通过改变阀的通流面积来实现流量控制的元件，包括节流阀、单向节流阀和排气节流阀等。

（1）节流阀　节流阀的作用是通过改变阀的通流面积来调节流量的大小。图4-60所示为节流阀的结构原理图和图形符号。气体由输入口P进入阀内，经阀座与阀芯间的节流通道从输出口A流出，通过调节螺杆可使阀芯上下移动，改变节流口的通流面积，实现流量的调节。

（2）单向节流阀　单向节流阀是由单向阀和节流阀并联组合而成的组合式控制阀。图4-61所示为单向节流阀的工作原理，当气流由P至A正向流动时，单向阀在弹簧和气压的作用下处于关闭状态，气流经节流阀节流后流出；而当气流由A至P反向流动时，单向阀打开，不起节流作用。单向节流阀的图形符号和实物图如图4-62所示。

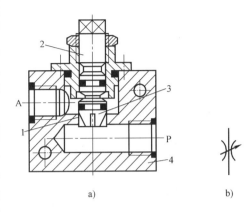

图 4-60　节流阀

a）结构原理图　b）图形符号

1—阀座　2—调节螺杆　3—阀芯　4—阀体

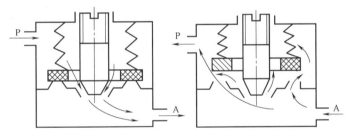

图 4-61　单向节流阀的工作原理

图 4-62　单向节流阀

a）图形符号　b）实物图

（3）排气节流阀。排气节流阀与节流阀一样，也是靠调节通流面积来调节阀的流量的。必须指出，排气节流阀必须装在执行元件的排气口处。它不仅能调节执行元件的运动速度，还因为它常带有消声器件，故也起降低排气噪声的作用。

图4-63a所示为排气节流阀的工作原理图，气流从A口进入阀内，由节流阀口1节流后

经由消声材料制成的消声套 2 排出。由于其结构简单、安装方便、能简化回路，故应用日益广泛。图 4-63b、c 所示分别为排气节流阀的图形符号和实物图。

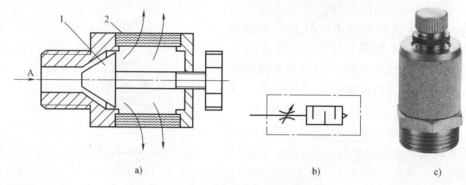

图 4-63　带消声套的排气节流阀
a）工作原理图　b）图形符号　c）实物图
1—节流阀口　2—消声套

2. 快速排气阀

快速排气阀简称快排阀，它的作用是加快气缸运动速度以实现快速排气。通常气缸排气时，气体从气缸经过管路由换向阀的排气口排出。如果从气缸到换向阀的距离较长，而换向阀的排气口又较小，则排气时间就较长，气缸的动作速度就较慢。若采用快速排气阀，则气缸内的气体就能由快速排气阀直接排入大气中，从而加速了气缸动作速度。图 4-64a 所示为快速排气阀的一种结构形式。当压缩空气进入进气口 P 时，膜片 1 向下变形，关闭 T 口，打开 P 与 A 的通路，气体进入执行元件；当 A 口进气时，膜片 1 将 P 口关闭，气体通过 T 口快速排出。图 4-64b、c 所示分别为快速排气阀的图形符号和实物图。

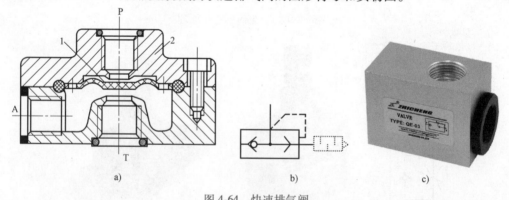

图 4-64　快速排气阀
a）结构原理图　b）图形符号　c）实物图
1—膜片　2—阀体

3. 延时阀

延时阀是气动系统中的一种时间控制元件，它利用节流阀和气室来调节换向阀气控口充气压力的变化速率来实现延时。如图 4-65a 所示，当信号输入口 K 有气压信号输入时，能使气室的压力上升。由于节流阀 1 的存在，气室的压力上升速度较慢，达到单侧气控换向阀的动作压力需要一定的时间。到达给定压力值后，换向阀换向，换向阀的输出口 A 与进气口 P

接通产生输出，这样，从 K 口有信号输入到 A 口有信号输出需要一定的时间间隔。通过调节节流阀的开度来调节压力的上升速度，从而达到调节延时时间的效果。这种当收到控制信号，延时一段时间后换向阀进、出气口才接通的延时阀，称为延时断开型延时阀；若改变换向阀的常态位置，则成为延时接通型延时阀。延时阀的实物图和图形符号如图 4-65b、c、d 所示。

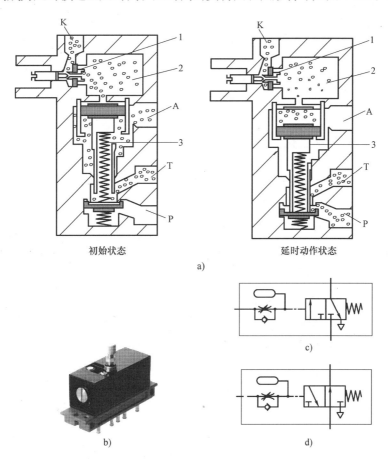

图 4-65　延时阀

a）工作原理图　b）实物图　c）延时断开型　d）延时接通型

1—节流阀　2—气室　3—单侧（控）气控换向阀

4. 进气节流和排气节流

根据单向节流阀在回路中连接方式的不同，气动系统的速度控制方式有进气节流速度控制和排气节流速度控制两种。

图 4-66a 所示采用的是进气节流控制方式，气流经节流阀调节后进入气缸，推动活塞运动，气缸排出的气体不经过节流阀，而经单向阀排出。当节流阀开度比较小时，由于进入气缸的气体流量小，压力上升缓慢，当气压达到能克服负载的值时，活塞前进，进入气缸的气压下降，作用在活塞上的力小于负载，活塞停止前进。这种由于负载及供气的原因使活塞忽走忽停的现象，称为气缸"爬行"。进气节流控制方式的主要缺点如下：

1）当负载方向与活塞运动方向相反时，活塞运动易出现不平稳现象，即"爬行"。

2）当负载方向与活塞运动方向一致时，由于气体经过换向阀排出，几乎没有阻尼，故负载易产生"跑空"现象而使气缸失去控制。

图 4-66b 所示采用的是排气节流控制方式，压缩空气经单向阀直接进入气缸，推动活塞运动，气缸排出的气体经节流阀节流后才能排出。与进气节流控制方式相比，排气节流控制方式因活塞是在左、右两腔有压差作用下运动的，故减少了"爬行"现象发生的可能性。排气节流控制方式的主要特点如下：

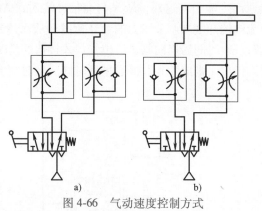

图 4-66　气动速度控制方式
a) 进气节流控制　b) 排气节流控制

1）气缸速度随负载变化较小，运动平稳。

2）能承受与活塞运动方向相同的负载。

 疑难诊断

问题 1：分任务 2 实践课题中，若无延时或延时不显著，试分析原因。

答：1）延时阀中节流器开口太大。

2）延时阀中气室气口堵塞。

问题 2：分任务 1 实践课题中，若气缸在有负载条件下运行，在运行过程中，突然增大负载或减小负载，气缸速度是否会发生变化？

答：1）由于气体的可压缩性，突然增大负载时，气缸内的气体被压缩，气缸活塞速度将减慢。

2）由于同样的原因，突然减小负载时，气缸内的气体膨胀，气缸活塞速度将加快，也称为"自走"现象。

 总结评价

通过以上的学习，对实践课题的完成情况和相关知识的了解情况作出客观评价，并填写表4-9。

表 4-9　气动速度和时间控制回路的组建与调试任务评价

序号	评价内容	达标要求	自评	组评
1	节流阀、快速排气阀、进气节流、排气节流、快速排气回路	熟悉节流阀、单向节流阀、快速排气阀的工作原理和图形符号，熟悉进气节流、排气节流控制方式及其特点，能按回路图或动作要求完成速度控制		
2	延时阀、延时回路	熟悉延时阀的工作原理、图形符号、形式，能按回路图或动作要求完成延时控制		
3	简单故障的排除	能对速度和时间控制回路中出现的简单故障进行诊断并予以排除		
4	文明实践活动	遵守纪律，按规程活动		
总体评价				
再学习评价记载				

知识拓展

使用气液阻尼缸的速度控制回路

由于空气的可压缩性，气缸的运动速度很难平稳。尤其是在负载变化时，其速度波动更大。为此，可通过气液联合控制速度，即利用液体的不可压缩性调节油路中的节流阀来控制速度，利用气压作为运动动力。

图 4-67 所示为使用气液阻尼缸的速度控制回路，它用气缸传递动力，由液压缸阻尼稳速，并由节流调速回路进行调速。电磁阀 6 通电后，气液阻尼缸快进，当活塞运动到一定位置时，其撞块压住行程阀 4，油液经单向节流阀 5 中的节流阀节流，则气液阻尼缸 1 慢进；电磁阀 6 断电时，气液阻尼缸 1 则快退。这种回路具有调速精度高、运动速度平稳等特点，在金属切削机床中使用广泛。图 4-68 所示为气液阻尼缸实物图。

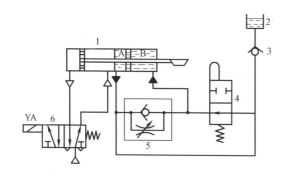

图 4-67 使用气液阻尼缸的速度控制回路

1—气液阻尼缸 2—油杯 3—单向阀
4—行程阀 5—单向节流阀 6—电磁阀

图 4-68 气液阻尼缸

课后思考

1. 图 4-69 所示回路调速方式与图 4-66 有何区别？
2. 描述进气节流和排气节流控制方式的优点和缺点。

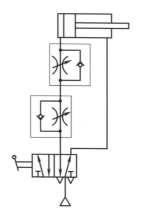

图 4-69 题 1 图

3. 延时阀相当于什么电气元器件？如何通过改进电气控制电路实现延时？

任务6　气动压力控制回路的组建与调试

任务描述

生活中利用气体的压力作为控制信号的例子比较多。例如，电水壶中的水煮沸后，在产生的蒸汽压力达到一定值时，便通知电路断开，停止加热，如图 4-70 所示。

在气压传动系统中，压力控制主要是指控制和调节气动系统中压缩空气的压力，以满足系统对压力的要求。它不仅是维持气动系统正常工作所必需的，也关系到系统的安全性和可靠性，以及执行元件能否正常工作。因此，压力控制是气压传动控制中除方向控制和速度控制外的另一个重要控制量。例如，项目二任务 1 中气罐上的安全阀是用来限制压缩空气最高压力的。

本任务是压印机压力控制回路的组建与调试。如图 4-71 所示，压印机常用于对塑料件等材料进行压印加工。按下起动按钮后，气缸活塞伸出，当活塞完全伸出时开始对工件进行压印。为达到压印效果，当压印压力升到一定值时，才说明压印动作完成，气缸活塞才可以作返回运动。压印压力可根据工件材料的不同进行调整。

图 4-70　电水壶加热

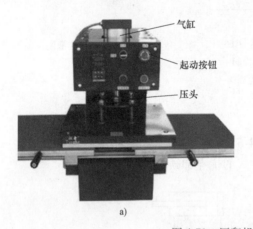
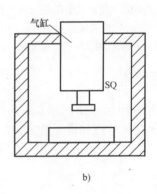

图 4-71　压印机

a）实物图　b）结构示意图

实践课题

压印机的压力控制

1. 气动回路图和控制电路图（图 4-72）

2. 回路分析

控制方案 1 是利用压力顺序阀的压力控制回路。按下起动换向阀 1 后，换向阀 2 换向，

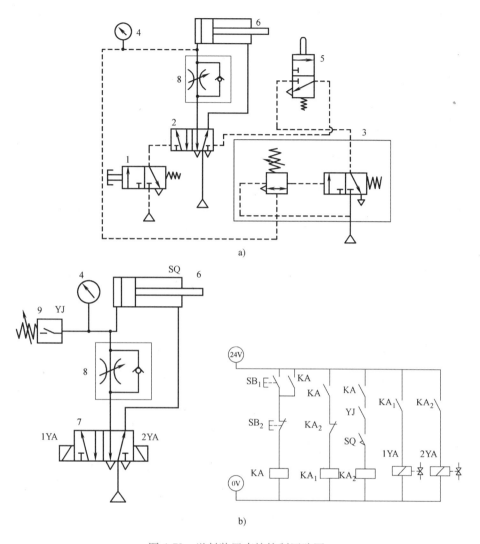

图 4-72　送料装置直接控制回路图

a）控制方案 1　b）控制方案 2

1—起动换向阀　2—二位五通双气控换向阀　3—压力顺序阀　4—压力表
5—行程阀　6—气缸　7—二位五通双电控换向阀　8—单向节流阀　9—压力开关

气缸 6 作进气节流伸出动作，伸出至终点并压下行程阀 5，为返回作准备。这时气缸进气腔（无杆腔）压力开始上升，当达到压力顺序阀中顺序阀的动作压力时，顺序阀打开，压力顺序阀中的换向阀换向，致使换向阀 2 换向，气缸 6 作返回动作。

控制方案 2 是利用压力开关的压力控制回路。按下起动按钮 SB$_1$ 后，1YA 得电，换向阀 7 换向，气缸 6 作进气节流伸出动作，伸出至终点并压下行程开关 SQ，为返回作准备。这时气缸进气腔（无杆腔）压力开始上升，当达到压力开关 9 的动作压力时，压力开关常开触点 YJ 合上，2YA 得电，致使换向阀 7 换向，气缸 6 作返回动作。

3. 实施步骤

1）利用 FluidSIM-P 气动仿真软件进行运动仿真。

2）在教师的帮助下，按回路图中的元件图形符号选择合适的气缸、换向阀等气动元件，按控制电路图选择电气元件。

3）在实训平台上固定气动元件。

4）分别按方案1和方案2进行回路的连接，按方案2中的控制电路图连接电路，并进行检查。

5）打开气源，观察气缸的位置，按下起动按钮或起动换向阀，观察气缸的运动情况。

6）经教师检查评估后，关闭气源，拆下管路电路和元器件，并将其放回原位。

知识链接

1. 压力顺序阀

在气压系统中，调节和控制压力大小的控制元件称为压力控制阀，主要包括减压阀、安全阀、顺序阀等。其中，减压阀和安全阀在前面的任务中已作介绍。

在进行气压传动控制时，有时需要根据气压的大小来控制回路各执行元件的顺序动作，能实现这种功能的控制阀称为压力顺序阀。

压力顺序阀由两部分组成，即一个单气控二位三通换向阀和一个顺序阀，如图4-73所示。当控制口X的压力未达到设定值时（设定值由调节旋钮3改变顺序阀弹簧4的压缩量来调定），如图4-73a所示，顺序阀不动作，换向阀1也不动作。当控制口X的压力达到设

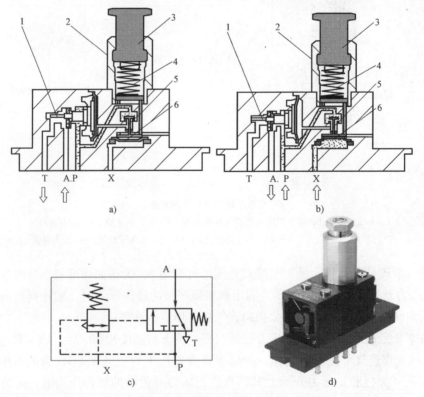

图 4-73 压力顺序阀

a）压力未达到设定状态 b）压力达到设定状态 c）图形符号 d）实物图

1—换向阀部分 2—顺序阀部分 3—调节旋钮 4—顺序阀弹簧 5—顺序阀工字阀芯 6—膜片

定值时，如图 4-73b 所示，顺序阀中的工字阀芯 5 抬起，顺序阀打开，进气口 P 的压缩空气就能进入换向阀阀芯右侧的气控口，换向阀换向，空气由进气口 P 进入 A 口。利用压力顺序阀的这种特性，可实现由压力大小控制的顺序动作。图 4-73c、d 所示分别为压力顺序阀的图形符号和实物图。

2. 压力开关

采用电气控制时，要实现气动执行元件在压力控制下的顺序动作，需要有能将压力信号转换为电气信号的控制元件。利用气压信号来接通或断开电路的装置称为压力开关，或者称为气电转换器或压力继电器。压力开关的输入信号是气压信号，输出信号是电信号。如图 4-74a 所示，当输入气压达到设定值时（通过调节弹簧压缩量来实现），顶杆 3 顶起，微动开关 1 动作，发出接通或断开电信号；当输入压力低于设定值时，压力开关复位，电气开关发出断开或接通信号。图 4-74b、c 所示分别为压力开关的图形符号和实物图。

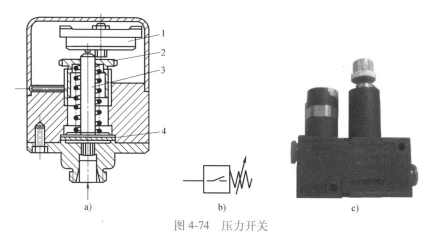

图 4-74　压力开关

a）结构原理图　b）图形符号　c）实物图

1—微动开关　2—调节螺母　3—顶杆　4—膜片

疑难诊断

　　问题 1：在控制方案 1 中，按下起动换向阀后，气缸作伸出动作，但不能返回，试分析原因。

答：1）行程阀未换向。

2）压力顺序阀设定压力偏高或系统压力设定偏低，顺序阀不能动作。

3）压力顺序阀中的换向阀未能切换。

4）二位五通换向阀阀芯卡住，不能切换。

　　问题 2：在控制方案 2 中，按下起动换向阀后，气缸作伸出动作，但不能返回，试分析原因。

答：1）电气控制电路接错，电磁铁不能得电。

2）行程开关未动作。

3）因压力不足或设定压力偏高等，导致压力开关未动作。

4）二位五通换向阀阀芯卡住，不能切换。

总结评价

通过以上的学习，对实践课题的完成情况和相关知识的了解情况作出客观评价，并填写表 4-10。

表 4-10　气动压力控制回路的组建与调试任务评价

序号	评价内容	达标要求	自评	组评
1	压力顺序阀、压力开关	熟悉压力顺序阀、压力开关的结构及工作原理、图形符号及应用特点		
2	压力控制回路	能识读压力控制回路，能按回路图组建并调试回路		
3	简单故障的排除	能对压力控制回路出现的简单故障进行原因分析，并予以排除		
4	文明实践活动	遵守纪律，按规程活动		
总体评价				
再学习评价记载				

 **知识拓展**

过载保护回路

过载保护回路是利用系统压力的变化实现对系统保护的一种回路。如图 4-75 所示，在正常工作条件下，按下手动阀 1，换向阀 2 切换，气缸活塞杆右行，当活塞杆上挡铁碰到行程阀 5 时，控制气体经梭阀 4 到达换向阀 2 右侧，换向阀 2 切换，气缸返回。若气缸活塞伸出时遇到故障，造成负载过大，则气缸无杆腔压力升高，当压力达到顺序阀 3 的设定压力时，顺序阀开启，气体经梭阀到达换向阀 2 右侧，换向阀 2 切换，气缸活塞杆缩回，实现过载保护。

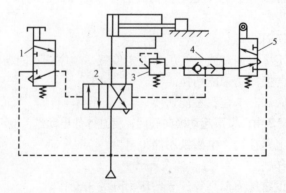

图 4-75　过载保护回路

1—手动阀　2—换向阀（主控阀）　3—顺序阀　4—梭阀　5—行程阀

课后思考

1. 气压传动系统中有哪些压力控制元件？在系统中有何作用？
2. 用 PLC 实现实践课题中方案 2 的压力控制。

任务 7　真空吸附控制回路的组建与调试

任务描述

前述任务中使用的气动元件，包括气源发生装置、执行元件、控制元件等，都是在高于大气压力的条件下工作的，这些元件组成的系统称为正压系统。另一类元件可在低于大气压力的条件下工作，这类元件称为真空元件，它们组成的系统称为负压系统（或称真空系统）。

生活中利用真空或负压工作的例子很多，如家用吸贴、吸尘器等，如图 4-76 所示。

图 4-76　日常生活中应用真空实例

在工业生产中，对于任何具有光滑表面的物体，特别是非铁、非金属且不适合夹紧的物体，如薄的纸张、塑料膜、铝箔、易碎的玻璃及其制品、集成电路等微型精密零件，都可以使用真空吸附。如今，真空系统已广泛用于轻工、食品、印刷、医疗、塑料制品，以及自动搬运和机械手等各种领域。图 4-77 所示为用于薄板搬运的真空吊具。本次任务是完成该吊具真空吸附控制回路的组建与调试。

实践课题

真空吸附动作控制

1. 控制回路图（图 4-78）

2. 回路分析

实际上，用真空发生器构成的真空回路往往是正压系统的一部分，同时组成一个完整的气动系统。当电磁铁 YA 得电后，真空发生器开始工作，在吸盘内产生真空，利用压力差吸附物件。当电磁铁 YA 得电后，真空吸盘与大气相通，吸盘放开物件。

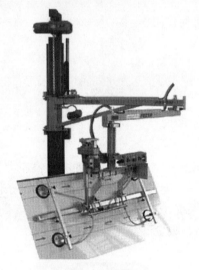

图 4-77　真空吊具

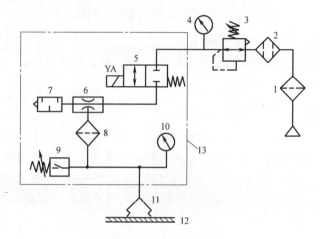

图 4-78　真空吸盘控制回路

1—过滤器　2—精密过滤器　3—减压阀　4—压力表
5—电磁阀　6—真空发生器　7—消声器
8—真空过滤器　9—真空压力开关　10—真空压力表
11—吸盘　12—工件　13—真空发生器组件

若将真空吸盘安装在物件输送装置（如送料气缸）上，即可完成物件的抓取、转移和放开动作。

3. 实施步骤

1）利用 FluidSIM-P 气动仿真软件进行运动仿真。

2）在教师的帮助下，按回路图选择合适的减压阀、精密过滤器等正压气动元件，以及真空发生器、真空过滤器等真空元件。

3）按回路图进行管路连接，并检查连接是否正确。

4）打开气源，按下按钮，观察物件的吸附和放开情况。

5）经教师检查评估后，关闭气源，拆下管路和元件，并将其放回原位。

知识链接

1. 真空度

在真空技术中，将气压系统压强低于大气压的数值称为真空度。在工程计算中，为简化常取"当地大气压"Pa＝0.1MPa，并以此为标准来度量真空度。

2. 真空系统的组成

真空系统一般由真空发生器（真空压力源）、吸盘（执行元件）、真空阀（控制元件，包括手动阀、机动阀、气控阀及电磁阀）及辅助元件（管件接头、过滤器和消声器等）组成。有些元件在正压系统和负压系统中是能通用的，如管件接头、过滤器、消声器及部分控制元件。

3. 真空发生器

图 4-79 所示为真空发生器工作原理图，它由喷嘴、接收室、混合室和扩散室组成。压

缩空气经过压缩喷射后，从喷嘴内喷射出来的一束流体称为射流。射流能吸收周围的静止流体和它一起向前流动，称为射流的卷吸作用。这样，在射流的周围便形成了一个低压区，接收室的流体便被吸进来，与主射流混合后，经接收室的另一端流出。当喷嘴两端的压差达到一定值时，气流可以声速或亚声速流动，于是在喷嘴出口处，即接收室内可获得一定的负压。

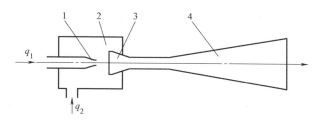

图 4-79　真空发生器工作原理图

1—喷嘴　2—接收室　3—混合室　4—扩散室

图 4-80a 所示为普通真空发生器的结构原理图，P 口接气源，R 口接消声器，U 口接真空吸盘。压缩空气从真空发生器的 P 口经喷嘴流向 R 口时，在 U 口产生真空。当 P 口无压缩空气输入时，抽吸过程停止，真空消失。图 4-80b、c 所示分别为真空发生器的图形符号和实物图。

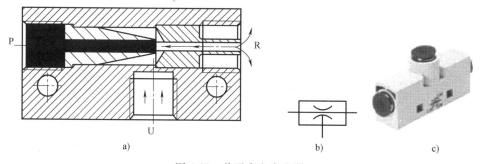

a)　　　　　　　　　　　　　　b)　　　　　c)

图 4-80　普通真空发生器

a）结构原理图　b）图形符号　c）实物图

真空发生器组件由电磁阀、压力开关、过滤器等真空元件构成，更便于安装使用，如图 4-81 所示。进入真空发生器组件的压缩空气由内置的电磁阀控制。电磁线圈通电时，阀换向，压缩空气从 1 口（进气口）流向 3 口（排气口），产生真空；电磁线圈断电时，真空消失，吸入的空气通过内置过滤器和压缩空气一起从排气口排除。内置消声器可减少噪声。真空压力开关用以控制真空度。图 4-81b 所示为真空发生器组件实物图。

4. 真空吸盘

真空吸盘是真空系统中的执行元件，用于将表面光滑且平整的工件吸起来并保持住。柔软又有弹性的吸盘可确保不会损坏工件。

图 4-82a、b、c 所示为常用真空吸盘的结构。吸盘通常由橡胶材料与金属骨架压制而成。橡胶材料多为丁腈橡胶、聚氨酯和硅橡胶等，其中硅橡胶吸盘适用于食品工业。

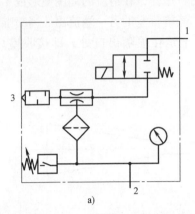

图 4-81 真空发生器组件

a) 图形符号 b) 实物图

1—进气口 2—真空口 3—排气口

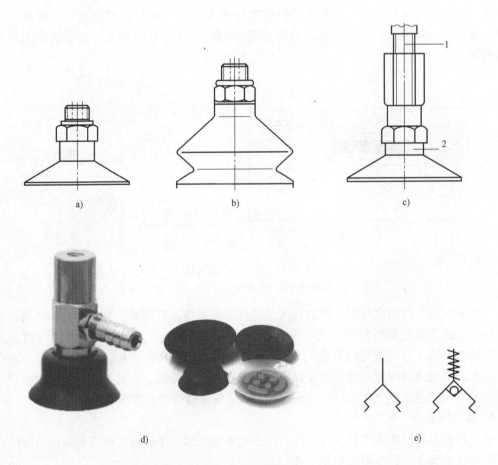

图 4-82 真空吸盘

a) 圆形平吸盘 b) 波纹形吸盘 c) 吸盘的连接 d) 实物图 e) 图形符号

1—活塞杆 2—吸盘

图 4-82b 所示为波纹形吸盘,其适应性更强,允许工作表面有轻微的不平、弯曲和倾斜,同时波纹形吸盘吸持工件在移动过程中有较好的缓冲性能。

真空吸盘靠其上的螺纹直接与真空发生器或真空安全阀、空心活塞杆气缸相连,如图 4-82c 所示。图 4-82d、e 所示分别为真空吸盘的实物图和图形符号。

使用真空吸盘时应注意吸盘的安装位置,如图 4-83 所示,水平安装位置和垂直安装位置吸持工件时的受力状态是不同的。如图 4-83a 所示,吸盘水平安装时,除了要吸持住工件负载,还要考虑吸盘移动时工件的惯性力对吸力的影响;在图 4-83b 中,当吸盘垂直安装时,吸盘应提供足够的摩擦力。

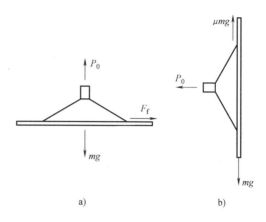

图 4-83   真空吸盘的安装位置

a) 水平安装   b) 垂直安装

疑难诊断

问题:真空吸盘起动后不能吸附物件,试分析原因。

答:1) 真空发生器组件存在故障,不能产生真空;检查或更换相关真空元件。

2) 吸盘损坏,影响吸附性能;更换吸盘。

3) 工件被吸附表面不平整或存在异物,影响吸附性能;检查并选择平整的表面或去除异物。

4) 吸附力不足;检查并调节真空度或更换相关真空元件。

总结评价

通过以上的学习,对实践课题的完成情况和相关知识的了解情况作出客观评价,并填写表 4-11。

表 4-11   真空吸附控制回路的组建与调试任务评价

序号	评价内容	达标要求	自评	组评
1	真空发生器等真空元件	熟悉真空发生器等真空元件及其工作原理,能识读其图形符号,熟悉真空发生器组件		
2	真空吸附回路	能识读真空吸附回路图,能按回路图组建并调试真空吸附回路		
3	简单故障的排除	熟悉真空吸附回路的常见故障,能对简单故障进行诊断或排除		
4	文明实践活动	遵守纪律,按规程活动		
总体评价				
再学习评价记载				

知识拓展

马德堡半球实验

马德堡半球是一对铜质空心半球，被用于 1654 年 5 月 8 日由德国物理学家、时任马德堡市长奥托·冯·居里克进行的一项物理学实验，如图 4-84 所示。在这项实验中，实验者先将两个完全密合的半球中的空气抽掉，然后驱马从两侧向外拉，以展示大气压力的作用。马德堡半球实验作为物理学中的经典实验，至今仍被广泛用于课堂教学。最初用于实验的两个半球保存于位于慕尼黑的德意志博物馆中。

马德堡半球实验证明：大气有压力，而且其压力是非常强大的。实验中，将两个半球内的空气抽掉，使球内空气粒子的数量减少，压力下降，形成真空。球外的大气便把两个半球紧压在一起，因此两个半球就不容易分开了。

图 4-84　马德堡半球实验

课后思考

1. 查阅相关资料，归纳总结出真空吸附回路的优点与缺点。
2. 真空吸盘的理论吸力与哪些因素有关?

项目五

气动系统的识读与维护

项 目 描 述

在一个陌生的城市中寻找某个建筑物时，往往需要借助于一张地图（图 5-1），按地图上的标识确定行走路线。同样，认识一个气动系统，特别是复杂的气动系统时，必须借助于气动设备生产企业提供的气动系统原理图。

图 5-1　地图

与地图仅标识建筑物的位置，不能描述其外形等特征一样，气动系统原理图也仅表达气动元件之间的连接关系，但不能描述其外形、安装位置等特征。因此，在识读气动原理图时，除了要读懂元件图形符号，以及不同工况下压缩空气的流向之外，还应建立图形符号与真实元件（包括规格型号、外形等）之间的对应关系，以及了解元件在设备中的安装位置等信息。

本项目主要是完成射芯机气压传动系统和对加工中心气动换刀系统气动系统的识读，并学习相关维护知识。

1. 熟悉射芯机气压传动系统的工况，能根据其气动原理图描述系统在不同工况下压缩空气的流向，了解气动系统维护的一般知识和射芯机气动系统的特点。

2. 熟悉加工中心气动换刀系统的工况，能根据其气动原理图描述系统在不同工况下压缩空气的流向，了解阀岛的相关知识和换刀气动系统的特点。

任务1　射芯机气压传动系统的识读与维护

任务描述

射芯机的功能是将以液态或固态热固性树脂为粘结剂的芯砂混合料射入加热后的芯盒内，砂芯在热的芯盒内很快硬化到一定厚度（5~10mm），然后将其取出，得到表面光滑、尺寸精确的优质砂芯成品。如图5-2所示，射芯机主要由射芯机构和芯盒定位夹紧机构组成，它采用气压传动，包括工作台上升、芯盒夹紧、射砂、排气、工作台下降、加砂等动作，如图5-3所示。该气动系统具有自动化程度高、动作可互锁、安全保护完善和系统简单等优点，故射芯机被广泛应用于铸造机械业中。

图 5-2　射芯机

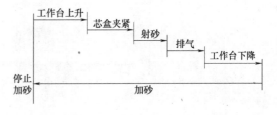

图 5-3　射芯机工作循环

本任务是完成2ZZ8625型射芯机气动系统的识读，以及气动设备相关维护知识的学习。

实践课题

识读射芯机气压传动系统

1. 气动系统原理图

射芯机气动系统原理图如图5-4所示，其动作顺序见表5-1。

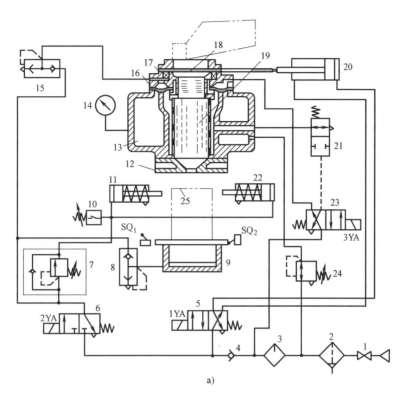

a)

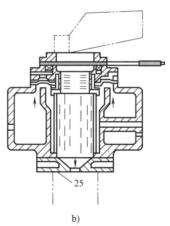

b)

图 5-4 射芯机气动系统原理图

a) 初始状态 b) 射砂状态

1—总阀 2—流体分离器 3—油雾器 4—单向阀 5、6、23—电磁换向阀 7—单向顺序阀

8、15—快速排气阀 9—顶升缸 10—压力继电器 11、22—夹紧缸 12—射砂头

13—储气包 14—压力表 16—快速射砂阀 17—闸门密封圈

18—加砂闸门 19—射砂筒 20—闸门气缸 21—排气阀

24—减压阀 25—芯盒

SQ_1、SQ_2—行程开关

表 5-1　射芯机动作顺序表

序号	动作名称	发信元件	电磁铁			动作时间/s
			1YA	2YA	3YA	
1	工作台上升	SQ$_1$	−	+	−	第 1~2s
2	芯盒夹紧	单向顺序阀	−	+	−	第 3s
3	射砂	压力继电器	−	+	+	第 4s
4	排气	时间继电器	−	+	−	第 5s
5	工作台下降	时间继电器	−	−	−	第 6~7s
6	加砂	SQ$_2$	+	−	−	第 8~12s
7	停止加砂	时间继电器	−	−	−	第 13~14s

2. 系统分析

射芯机在原始状态下，加砂阀闸门 18 和环形薄膜快速射砂阀 16 关闭，射砂筒 19 内装满芯砂。按照射芯机的动作程序，其气动系统的工作过程分为 4 个步骤。

（1）工作台上升和芯盒夹紧　芯盒随同工作台被小车送到顶升缸 9 的上方，压下行程开关 SQ$_1$，电磁铁 2YA 得电，电磁换向阀 6 换向。经电磁换向阀 6 出来的压缩空气分为三路：第一路经快速排气阀 15 进入闸门密封圈 17 的下腔，用以提高密封圈的密封性能；第二路经快速排气阀 8 进入顶升缸 9，升起工作台，芯盒被压紧在射砂头 12 的下面，将芯盒压紧；当顶升缸中的活塞上升到顶点，管路中的气压升高到 0.5MPa 时，单向顺序阀 7 开启，第三路压缩空气进入夹紧缸 11 和 22，芯盒水平夹紧。

（2）射砂　当夹紧缸 11、22 内的气压大于 0.5MPa 时，压力继电器 10 动作，通知 3YA 得电，电磁换向阀 23 换向，排气阀 21 关闭，同时使环形薄膜快速射砂阀 16 的上腔排气。此时，储气包 13 中的压缩空气将顶起快速射砂阀 16 的薄膜，储气包 13 中的压缩空气快速进入射砂筒进行射砂，射砂时间的长短由时间继电器控制。射砂结束后，时间继电器通知 3YA 失电，电磁换向阀 23 复位，快速射砂阀 16 关闭，排气阀 21 打开，排除射砂筒内的余气。

（3）工作台下降　射砂筒排气后，由时间继电器通知 2YA 失电，电磁换向阀 6 复位，顶升缸 9 靠重力下降，夹紧缸 11 和 22 同时退回原位，闸门密封圈 17 下腔排气。当顶升缸下降到最低位置后，射好的砂芯及芯盒由工作台小车带动与工作台一起被运送到取芯机处完成硬化和起模工序。

（4）加砂　当工作台下降到终点压下行程开关 SQ$_2$ 时，1YA 得电，电磁换向阀 5 换向，闸门气缸 20 左行，加砂闸门打开，由砂斗向射砂筒内加砂，加砂时间由时间继电器控制。达到设定时间时通知 1YA 失电，电磁换向阀 5 复位，闸门气缸 20 右行，加砂停止。至此，便完成一个动作循环。

3. 实施步骤

1）看懂气动系统原理图中各气动元件的图形符号，了解它们的名称及一般用途。

2）分析图中的基本回路及功用。

3）了解系统的工作程序及程序转换的发信元件。

4）按工作程序图逐个分析其程序动作。

5）归纳总结气动系统的特点。

知识链接

气动系统的维护简介

气动系统的维护分为日常维护、定期维护和系统大修。具体应注意以下几个方面：

1）日常维护时，需要对冷凝水和系统润滑进行管理。

2）开机前后要放掉系统中的冷凝水。

3）随时注意压缩空气的清洁度，定期清洗气水分离器的滤芯。

4）定期给油雾器加油。

5）开机前检查各调节手柄是否在正确位置，行程阀、行程开关、挡块的位置是否正确、牢固。对活塞杆、导轨等外露部分的配合表面进行擦拭后方能开机。

6）长期不使用时，应将各手柄放松，以免弹簧失效而影响元件的性能。

7）间隔三个月需定期检修，一年应进行大修。

8）定期检验受压容器，对漏气、漏油、噪声等要进行防治。

疑难诊断

问题：就射砂机气动系统（图5-4）而言，若出现不射砂，试分析可能的原因。

答：1）压力继电器10未动作。

2）电磁换向阀23未换向。

3）储气包内压缩空气的压力不足。

总结评价

通过以上的学习，对实践课题的完成情况和相关知识的了解情况作出客观评价，并填写表5-2。

表5-2　射芯机气压传动系统的识读与维护任务评价表

序号	评价内容	达标要求	自评	组评
1	射芯机	熟悉射芯机的工作过程，了解其工作特点		
2	气动原理图	熟悉气动系统原理图中气动元件的功能，能按原理图及动作程序表描述不同工况下压缩空气的流向		
3	系统维护	熟悉气动设备的一般维护知识		
4	简单故障的排除	能判断并排除简单故障		
5	文明实践活动	遵守纪律，按规程活动		
总体评价				
再学习评价记载				

课后思考

1. 射芯机气动系统包括哪些基本回路？

2. 图5-5所示为组合机床中的工件夹紧气压传动系统原理图，试分析和回答下列问题：

（1）指出各元件的名称。

（2）描述该气动系统能完成怎样的工作循环。

（3）当阀 1 位于右位时，描述控制气路和主气路情况。

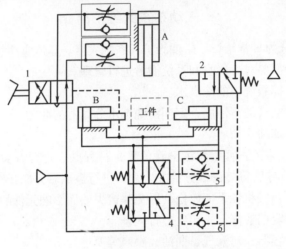

图 5-5　题 2 图

A—定位气缸　B、C—夹紧气缸

任务 2　加工中心气动换刀系统的识读与维护

任务描述

　　气动系统在数控机床上也得到广泛的应用，例如，XH754 型卧式加工中心的换刀装置就采用了气压传动，如图 5-6 所示。在加工中心中，有一个用于存放工件加工所用刀具的刀库，而主轴每次仅能驱动一把刀具进行切削加工，当主轴完成一个加工工序后，需要从刀库中调用另一把刀具，再进行下一工序的加工。刀具在刀库中的转位由伺服电动机通过齿轮、蜗杆传动来实现，主轴上的刀具与刀库中刀具的交换由气压传动实现。气压传动系统在换刀过程中实现主轴定位、主轴松刀、拔刀、向主轴锥孔吹气和插刀等动作，如图 5-7 所示。这种换刀装置不需要使用机械手，结构比较简单。

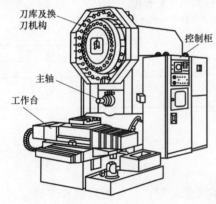

图 5-6　XH754 型卧式加工中心

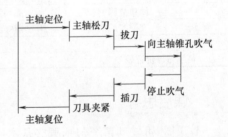

图 5-7　加工中心换刀工作循环

本任务是完成 XH754 型卧式加工中心换刀气动系统的识读，并了解相关知识。

实践课题

加工中心气动换刀系统的识读

1. 气动系统原理图

加工中心气动换刀系统原理图如图 5-8 所示，其动作顺序见表 5-3。

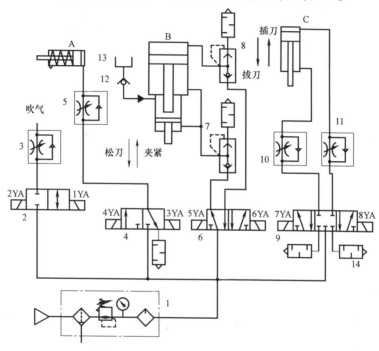

图 5-8　加工中心气动换刀系统原理图

1—气源处理装置　2—二位二通双电控的阀　3、5、10、11—单向节流阀　4—二位三通双电控的阀
6—二位五通双电控的阀　7、8—快速排气阀　9—三位五通双电控的阀　12—单向阀
13—补油箱　14—消声器　A—主轴定位缸　B—气液增压缸　C—插拔刀缸

表 5-3　加工中心换刀动作顺序表

	1YA	2YA	3YA	4YA	5YA	6YA	7YA	8YA
主轴定位				+				
主轴松刀				+		+		
拔刀				+		+		+
向主轴锥孔吹气	+			+		+		+
停止吹气	−	+		+		+		+
插刀				+		+	+	−
刀具夹紧				+	+	−		
主轴复位			+	−				

2. 系统分析

当数控系统发出换刀指令时，主轴停止旋转，同时 4YA 得电，压缩空气经气源处理装

置 1→换向阀 4→单向节流阀 5→主轴定位缸 A 的右腔，使气缸 A 的活塞左移，主轴自动定位。定位后压下无触点开关，使 6YA 得电，压缩空气经换向阀 6→快速排气阀 8→气液增压缸 B 的上腔→增压腔的高压油使活塞伸出，实现主轴松刀，同时使 8YA 得电，压缩空气经换向阀 9→单向节流阀 11→插拔刀缸 C 的上腔，缸 C 下腔排气，活塞下移实现拔刀。由回转刀库交换刀具，同时 1YA 得电，压缩空气经换向阀 2→单向节流阀 3 向主轴锥孔吹气。稍后 1YA 断电，2YA 得电，停止吹气。接着 8YA 断电，7YA 得电，压缩空气经换向阀 9→单向节流阀 10→缸 C 下腔→活塞上移，实现插刀动作。然后 6YA 断电，5YA 得电，压缩空气经换向阀 6→气液增压缸 B 的下腔→活塞退回，主轴的机械机构使刀具夹紧。最后 4YA 断电，3YA 得电，缸 A 的活塞在弹簧力的作用下复位，恢复到开始状态，换刀结束。至此，便完成了换刀动作。

3. 实施步骤

1）看懂图中各气动元件的图形符号，了解它们的名称及一般用途。

2）分析图中的基本回路及其功用。

3）了解系统的工作程序及程序转换的发信元件。

4）按工作程序图逐个分析其程序动作。

5）归纳总结系统特点。

知识链接

刀具夹紧增（压）力原理

为了提高刀具的夹紧力，气动换刀系统采用了气液增压缸。气液增压是将一液压缸与增压器作一体式结合，使用压缩空气作为动力源，利用增压器大、小受压活塞的面积之比将低气压提高数十倍变为高气压，供液压缸使用，如图 5-9 所示。根据帕斯卡能源守衡原理，增压缸的输出力 F 为

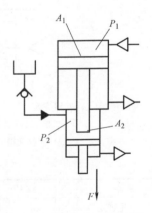

$$F = P_2 A_3 = \frac{P_1 A_1}{A_2} A_3$$

式中　P_1——输入压缩空气的压力；

　　　P_2——增压后的输出压力；

　A_1、A_2——增压器大、小活塞的面积；

　　　A_3——输出端横截面积。

图 5-9　增（压）力原理图

疑难诊断

问题：实践课题中的数控系统发出换刀指令后，刀具能够交换，但刀具夹不紧，试分析原因。

答：1）增压缸故障，不能增压。

　　2）换向阀 6 未换向。

　　3）刀具夹紧机械机构故障。

总结评价

通过以上的学习，对实践课题的完成情况和相关知识的了解情况作出客观评价，并填写表5-4。

表5-4　加工中心气动换刀系统的识读任务评价

序号	评价内容	达标要求	自评	组评
1	气动系统在数控设备中的使用	能举例说明气动系统在数控设备中的应用,熟悉加工中心的换刀过程		
2	加工中心气动换刀系统	熟悉气动原理图中气动元件的功能,能按原理图及动作程序表描述加工中心的换刀过程		
3	气液增压缸	熟悉增压原理及增压工作过程,了解气液增压缸在其他设备中的应用		
4	简单故障的排除	能判断并排除简单故障		
5	文明实践活动	遵守纪律,按规程活动		
总体评价				
再学习评价记载				

知识拓展

阀岛简介

阀岛（图5-10）是一个专用名词，指的是控制器与传感器，以及操作和显示单元之间的接口，控制器与能量转换单元之间的接口，以及能量转换单元与执行机构之间的接口。

阀岛是由多个电控阀构成的控制元器件，它集成了信号输入/输出及信号的控制，犹如一个控制岛屿。阀岛是气电一体化控制元器件，从最初带多针接口的阀岛发展为带现场总线的阀岛，继而出现了可编程序阀岛及模块式阀岛。阀岛技术和现场总线技术相结合，不仅确保了电控阀的布线容易，而且大大简化了复杂系统的调试、性能检测和诊断维护等工作。

图5-10　阀岛

课后思考

1. 请描述气动换刀系统信号及动作转换过程。

2. 图 5-11 所示为压力机气压传动系统原理图，试分析和回答下列问题：

（1）指出图中各元件的名称。

（2）描述该气动系统能够完成怎样的工作循环。

（3）利用互联网查阅件 6 的外形及应用特点。

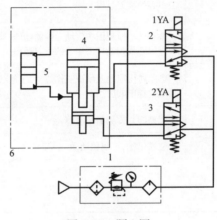

图 5-11　题 2 图

项目六

液压源系统与液压执行元件认知

项 目 描 述

与气动系统类似，液压源系统与液压执行元件是液压传动系统的两个重要组成部分。

由于工况场合不同，对液压系统的要求也不一样，如对承载情况、运行速度、运行方式、运行精度、工作环境等的要求是不一致的。因此，液压源系统与液压执行元件的形式也不尽相同。随着科技进步和人们需求的多样化，液压泵、液压缸、液压马达的品种越来越丰富，且已形成系列化和标准化。对于液压元件的用户来说，更加关注的是这些液压元件的性能、参数、安装形式等是否满足工作要求；对于液压设备的用户来说，更多关注的是设备能稳定工作，少出故障，并能及时诊断和排除简单故障。

本项目的主要目的是认识液压源系统和液压执行装置中液压元件的类型、性能参数、结构形式、类型选用等。

学 习 目 标

1. 理解液压泵、液压马达、液压缸等的工作过程。
2. 熟悉液压泵、液压马达、液压缸等的性能参数及选用方法，能拆装液压缸。
3. 熟悉液压源系统的基本构成。
4. 熟悉液压泵站及常用液压缸的安装形式，能按要求装接液压泵站。
5. 了解液压泵、液压马达、液压缸的简单故障的诊断和排除方法。
6. 初步了解如何选用液压泵、液压马达、液压缸。

任务 1 认识液压泵与液压泵站

 任务描述

人体中，心脏负责输送全身血液（图6-1），液压泵则是液压系统的心脏，它使油液运

动并进入工作状态。液压泵是将机械能转换成受压液体
压力能的装置。

泵在日常生活中普遍存在，如手动水井取水泵、农
用喷雾器，甚至医用的注射器也可以认为是一种简易的
泵，如图6-2所示。

究其工作原理，工业设备中使用的液压泵与生活中的
"泵"并无本质区别。但是，为满足工业生产的不同要
求，各种液压泵的结构大相径庭，其类型和规格也非常丰
富。本任务的目的是熟悉液压泵的类型、结构特点、性能
参数，能正确装接和调试液压泵站。

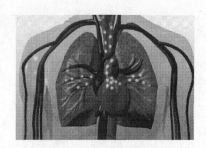

图6-1　心脏供血系统

图6-2　生活中的"泵"

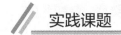实践课题

实践课题1　CB型齿轮泵的拆装

1. CB型齿轮泵结构图（图6-3）

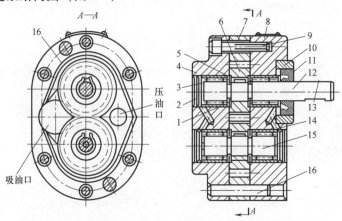

图6-3　CB型齿轮泵的结构

1—轴承外圈　2—螺塞　3—滚子　4—后泵盖　5—键　6—齿轮　7—泵体　8—前泵盖　9—螺钉　10—压环
11—密封环　12—主动轴　13—键　14—泄油孔　15—从动轴　16—定位销

2. 结构分析

CB 型齿轮泵主要由前、后泵盖 8 和 4，泵体 7，一对相互啮合的齿轮 6 和轴 12、15 等零件组成。图 6-4 所示为 CB 型齿轮泵各零件的装配关系。

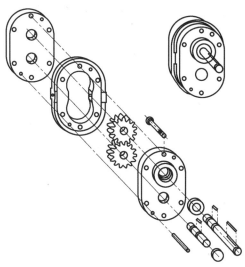

图 6-4　CB 型齿轮泵装配关系图

3. 实施步骤

1）根据学校条件选择一只合适的液压泵。

2）根据装配关系，逐一拆下液压泵零部件并编号，填写表 6-1。

表 6-1　CB 型齿轮泵的拆装总结

编号	零件名称	数量	与之相配合件编号	所在部件名称	装拆顺序要求
1					
2					
...					
主要结论					

3）分析液压泵是如何密封的，判断液压泵的吸、压油口。

4）清洗各零件。

5）按顺序装配各零件，防止漏装或错装零件。

6）检查泵轴转动是否灵活，转向与泵吸、压油口是否协调，有条件的应做泵的性能测试。

7）整理场地。

实践课题 2　简易液压泵站的装接

1. 简易液压泵站安装结构图（图 6-5）

2. 结构分析

简易液压泵站主要由液压泵、电动机及联轴器，以及油箱（图中未画出）、过滤器、油管、管接头等辅助元件构成。要求电动机主轴与液压泵泵轴同轴。

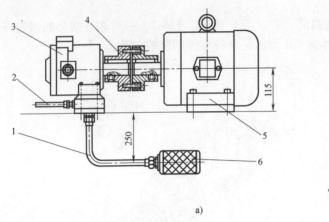

图 6-5 简易液压泵站

a) 简易液压泵站安装图   b) 液压源图形符号

1—吸油管   2—出油管   3—液压泵   4—联轴器   5—电动机及安装基座   6—过滤器

3. 实施步骤

1）课前准备变量、定量叶片泵各一只。

2）安装电动机。

3）安装液压泵及联轴器。

4）安装油管等辅助元件。

5）分别选用定量和变量叶片液压泵，通电试车，观察出口油液，调节变量泵的排量，观察流量变化情况（在出口处接流量计）。

6）整理场地。

知识链接

1. 液压泵的工作原理

图 6-6 所示为单柱塞液压泵工作原理图。由柱塞 2 和缸体 3 形成一个密封容积 a，柱塞在弹簧 4 的作用下始终压紧在偏心轮 1 上，原动机驱动偏心轮 1 旋转，使柱塞 2 作往复运动，使密封容积 a 的大小发生周期性的交替变化。当 a 由小变大时，就形成真空，油箱中的油液在大气压的作用下，经吸油管顶开单向阀 6 进入密封容积 a 而实现吸油；反之，当 a 由大变小时，a 腔中吸满的油液将顶开单向阀 5 流入系统而实现压油。当原动机驱动偏心轮不断旋转时，液压泵就不断地吸油和压油。

由此可知，液压泵的吸、压油是依靠密封容积的变化来完成的，所以这种泵也称为容积泵。容积泵具有以下特点：

1）具有若干个密封容积，密封容积的大小决定液压泵的排油量。

2）密封容积能交替变化。

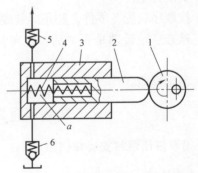

图 6-6 单柱塞液压泵工作原理图

1—偏心轮   2—柱塞   3—缸体   4—弹簧

5、6—单向阀（配流装置）

3) 具有相应的配流装置，将吸油腔和压油腔隔开，吸油时，保证密封容积与油箱相通，同时关闭供油通路；压油时，则与供油管路相通而与油箱切断。液压泵的结构不同，其配流装置也不相同。

4) 作为外部条件，液压泵在吸油时，油箱油液面必须和大气相通。

2. 液压泵的主要性能参数

（1）压力

1）工作压力。液压泵实际工作时的输出压力称为工作压力，工作压力的大小取决于外负载的大小。

2）额定压力。液压泵在正常工作条件下，按试验标准规定连续运转的最高压力称为液压泵的额定压力。该压力受泵本身的泄漏和结构强度所制约。

（2）排量和流量

1）排量 V。液压泵每转一周，由其密封容积几何尺寸的变化计算得出的排出液体的体积称为液压泵的排量。排量的大小取决于泵的密封工作腔的几何尺寸，而与转速 n 无关，其常用单位为 cm^3/r 或 mL/r。若泵的排量固定，则为定量泵；若排量可变，则为变量泵。

2）理论流量 q_t。理论流量是指在不考虑液压泵泄漏流量的情况下，单位时间内所排出的液体体积。其公式为

$$q_t = Vn \tag{6-1}$$

3）实际流量 q。液压泵在某一具体工况下，单位时间内所排出的液体体积称为实际流量，它等于理论流量 q_t 减去泄漏流量 Δq，即

$$q = q_t - \Delta q \tag{6-2}$$

（3）功率

1）输入功率 P_{in}。液压泵的输入功率是指作用在液压泵主轴上的机械功率，当输入转矩为 T、角速度为 ω 时，有

$$P_{in} = T\omega \tag{6-3}$$

2）输出功率 P_{out}。液压泵的输出功率是指液压泵在工作过程中，出口压力 p（设泵的进口压力为零）和输出流量 q 的乘积，即：

$$P_{out} = pq \tag{6-4}$$

（4）效率

1）容积效率 η_V。由于液压泵流量上的损失，液压泵的实际输出流量总是小于其理论流量。液压泵的实际流量和理论流量之比称为容积效率，即

$$\eta_V = \frac{q}{q_t} \tag{6-5}$$

2）机械效率 η_M。由于液压泵在转矩上的损失，液压泵的实际输入转矩 T 总是大于理论上所需要的转矩 T_t。液压泵的理论转矩 T_t 与实际输入转矩 T 之比称为液压泵的机械效率，即

$$\eta_M = \frac{T_t}{T} \tag{6-6}$$

3）总效率 η。液压泵的总效率为泵的输出功率和输入功率之比，即

$$\eta = \frac{P_{out}}{P_{in}} = \frac{pq}{T\omega} = \frac{pq_t\eta_V}{T_t\omega}\eta_M$$

又因为 $Pq_t = T_t\omega$（理论输入功率等于理论输出功率），则

$$\eta = \eta_M \eta_V \tag{6-7}$$

3. 液压泵的类型

目前，常用的液压泵有齿轮泵、叶片泵和柱塞泵等。按其输油方向能否改变，液压泵可分为单向泵和双向泵；按其在单位时间内所能输出油液的体积是否可调节，可分为定量泵和变量泵；按其额定压力的高低，又可分为低压泵、中压泵和高压泵。图6-7所示为液压泵的图形符号。

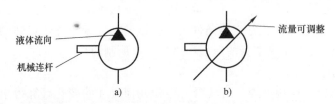

图6-7　液压泵的图形符号

a）单向定量泵　b）单向变量泵

（1）齿轮泵　按结构不同，齿轮泵分为外啮合齿轮泵和内啮合齿轮泵，其中以外啮合齿轮泵应用最广。

图6-8a所示为外啮合齿轮泵结构原理图。在泵体内有一对模数、齿数相同，齿宽相等的齿轮，当吸油口和压油口分别用油管与油箱及系统接通后，齿轮各齿槽和泵体，以及与齿轮前、后端面贴合的前、后端盖间形成密封工作腔，而啮合线又把它们分隔成两个互不相通的吸油腔和压油腔。当齿轮按图示方向旋转时，右侧轮齿脱开啮合，让出空间使容积增大而形成真空，在大气压作用下从油箱吸进油液，并被旋转的齿轮带到左侧。在左侧，齿与齿进入啮合，使密封容积减小，油液从齿间被挤出去，从压油口压到系统中。图6-8b所示为外啮合齿轮泵的实物图。

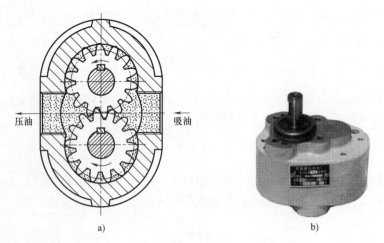

图6-8　外啮合齿轮泵

a）结构原理图　b）实物图

外啮合齿轮泵结构简单、尺寸小、重量轻、制造方便、价格低廉、工作可靠、自吸能力

强、对油液污染不敏感、维护容易。但泵的一些机件要承受不平衡径向力，磨损严重、泄漏大，特别是通过齿轮端面与侧盖板之间轴向间隙的轴向泄漏，约占总泄漏量的 80%，因此其工作压力的提高受到了限制；此外，它的流量脉动大，因此压力脉动和噪声都较大。外啮合齿轮泵主要用于环境差、精度要求不高（工作压力 $p<10\text{MPa}$）的场合。

资料卡

液压泵的压力脉动如同人的脉搏脉动。压力脉动大，说明油液流出不平稳，会对液压系统元件的工作带来不利。

（2）叶片泵 按结构不同，叶片泵分为双作用叶片泵和单作用叶片泵，前者是定量泵，后者是变量泵。

图 6-9a 所示为双作用叶片泵结构原理结构。该泵主要由定子 1、转子 2、叶片 3 和安装在定子、转子两侧的配流盘等组成，转子和定子同心安装。定子内表面近似椭圆形，由两段长径圆弧、两段短径圆弧和四段过渡圆弧组成。两侧的配流盘上开有四个配流窗口（图中虚线所示），窗口的位置与四条过渡曲线对应。转子旋转时，由于离心力和叶片根部油压的作用，使叶片顶部紧靠在定子内表面上。这样，在每两个叶片之间和定子的内表面、转子的外表面及前、后配流盘之间便形成了一个个密封的工作腔。当转子按图示顺时针方向旋转时，密封工作腔的容积在左上角 A 和右下角 C 处逐渐增大，形成局部真空而吸油，为吸油区；在右上角 B 和左下角 D 处逐渐减小而压油，为压油区。这种泵的转子每转一圈，每个密封工作腔完成吸油、压油各两次，故称为双作用叶片泵。又因为泵的两个吸油区和压油区是径向对称的，使作用在转子上的径向液压力平衡，所以又称为卸荷式叶片泵。图 6-9b 所示为双作用叶片泵的实物图。

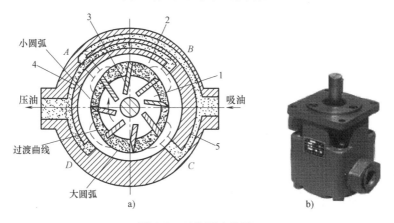

图 6-9 双作用叶片泵
a）结构原理图   b）实物图
1—转子 2—定子 3—叶片 4—压油通道 5—吸油通道

图 6-10 所示为单作用叶片泵结构原理图，它由转子 1、定子 2、叶片 3 和安装在定子、转子两侧的配流盘等组成。与双作用叶片泵不同的是，定子是一个与转子偏心安装的圆环，两侧的配流盘上开有两个油窗，一个为吸油窗口（图中虚线所示），另一个为压油窗口。这样，转子每转一周，转子、定子、叶片和配流盘之间形成的密封容积只变化一次，完成一次

吸油和压油，因此称为单作用叶片泵。由于转子单向承受压油腔油压的作用，径向力不平衡，所以又称为非卸荷式叶片泵。这种泵的工作压力不宜过高，其最大特点是只要改变转子和定子的偏心距 e 和偏心方向，就可以改变输油量和输油方向而成为变量叶片泵。

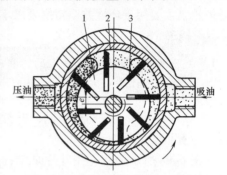

若在图 6-10 所示单作用叶片泵的上、下侧增设限压弹簧和反馈柱塞，就成了外反馈限压式变量叶片泵，如图 6-11 所示。如图 6-11a 所示，当泵输出的工作压力 p 不高时，定子 2 在限压弹簧 3 的作用下被推向左端，定子中心 O_2 和转子中心 O_1 之间有一初始偏心量 e_0，这时泵的输出流量最大。当泵的工作压力 p 升高，作用在柱塞上的力超过限压弹簧 3 的预紧力时，限压弹簧被压缩，定子右移，输出流量减小。当泵的压力达到某一数值时，偏心量接近于零，泵的输出流量也接近于零，此后不管外界负载怎样加大，泵的压力都不再升高，该压力称为泵的极限工作压力。图 6-11b 所示为限压式变量叶片泵的实物图。

图 6-10 单作用叶片泵结构原理图

1—转子　2—定子　3—叶片

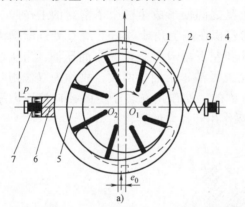

图 6-11 外反馈限压式变量叶片泵

a）结构原理图　　b）实物图

1—转子　2—定子　3—限压弹簧　4、7—调节螺钉　5—配流盘　6—反馈缸柱塞

限压式变量叶片泵适用于液压设备有"快进、工进"及"保压系统"的场合。快进时，负载小、压力低、流量大，泵的转子和定子的偏心距最大；工作进给时，负载大、压力高、速度慢、流量小，泵的转子和定子的偏心距减小；保压时，泵的转子和定子的偏心距接近于零（即同心），仅提供小流量以补偿系统的泄漏。

（3）柱塞泵　柱塞泵是靠柱塞在缸体中作往复运动，造成密封容积发生变化来实现吸油与压油的液压泵。按柱塞的排列和运动方向不同，柱塞泵可分为径向柱塞泵和轴向柱塞泵。径向柱塞泵的外形尺寸较大，目前生产中应用不多。

图 6-12a 所示为轴向柱塞泵的结构原理图。这种泵的主体由缸体 1、配流盘 2、柱塞 3 和斜盘 4 等组成，柱塞沿圆周均匀地分布在缸体内，斜盘轴线与缸体轴线倾斜一角度 γ，柱塞靠机械装置或在低压油（图中为弹簧）的作用下压紧在斜盘上，配流盘 2 和斜盘 4 固定不动。按图 6-12a 所示方向回转，当柱塞进入后半面时，柱塞向外伸出，柱塞底部缸孔的密封工作容积

增大，通过配流盘的吸油窗口吸油；当柱塞进入前半面时，柱塞被斜盘推入缸体，使缸孔容积减小，通过配流盘的压油窗口压油。缸体每转一周，每个柱塞各完成吸、压油一次。改变斜盘倾角，就能改变柱塞行程的长度，即改变液压泵的排量；改变斜盘倾角方向，就能改变吸油和压油的方向，即成为双向变量泵。图 6-12b 所示为轴向柱塞泵的实物图。

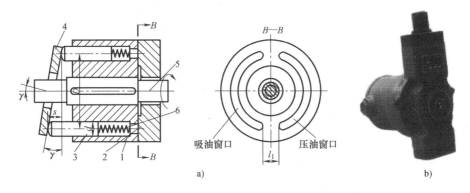

图 6-12　轴向柱塞泵

a）结构原理图　b）实物图

1—缸体　2—配流盘　3—柱塞　4—斜盘　5—传动轴　6—弹簧

与齿轮泵和叶片泵相比，柱塞泵具有压力高、结构紧凑、效率高、流量调节方便等优点，广泛应用于需要高压、大流量、大功率的系统中和流量需要调节的场合，如龙门刨床、拉床、液压机、工程机械、矿山冶金机械、船舶等。

4. 液压泵站

液压站又称为液压泵站，是独立的液压装置。它按逐级要求供油，并控制液压油的流动方向、压力和流量，适用于主机与液压装置可分离的各种液压机械。用户只要用油管将液压站与主机上的执行机构（液压缸或液压马达）相连，液压机械即可实现各种规定的动作和工作循环。

液压站一般由液压泵装置、集成块或阀组合、油箱等组合而成，如图 6-13 所示。各部件的功能如下。

（1）液压泵装置　液压泵装置中装有液压泵和电动机，二者一般通过联轴器相连。液压泵装置是液压站的动力源，负责将机械能转化为液压油的压力能。

（2）集成块　集成块由液压阀及通道体组装而成，其功用是对液压油实行方向、压力和流量的调节。

（3）阀组合　板式阀装在立式阀板上，在阀板后配置连接油管其功能与集成块相同。

图 6-13　液压泵站

（4）油箱　油箱为板焊的半封闭容器，其上还装有滤油网、冷却器、空气滤清器等，用来储油和进行油的冷却及过滤。

5. 液压管件

液压管件主要包括油管和管接头，如图 6-14 所示。

（1）油管　液压系统中使用的油管分为硬管和软管两类。油管的特点及适用范围见表6-2。

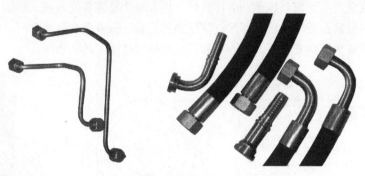

图6-14　液压管件

表6-2　油管的特点及适用范围

种	类	特点及适用范围
硬管	钢管	能承受高压、价格低廉、耐油、耐蚀、刚性好，但装配时不能任意弯曲；常在装拆方便处用作压力管道，中、高压用无缝管，低压用焊接管
	纯铜管	易弯曲成各种形状，但承压能力一般不超过10MPa，抗振能力较弱，又易使油液氧化；通常用在液压装置内配接不便之处
软管	尼龙管	乳白色、半透明，加热后可以随意弯曲成形或扩口，冷却后又能定形不变，承压能力因材质而异，范围为2.5～8MPa
	塑料管	质轻耐油、价格便宜、装配方便，但承压能力低，长期使用会变质老化；只宜用作压力低于0.5MPa的回油管、泄油管等
	橡胶管	高压管由耐油橡胶夹几层钢丝编织网制成，钢丝网层数越多，耐压能力越强，价格昂贵，用作中、高压系统中两个相对运动件之间的压力管道；低压管由耐油橡胶夹帆布制成，可用作回油管道

（2）管接头　管接头是油管与油管、油管与液压元件之间的可拆式连接件。它必须具有装拆方便、连接牢固、密封可靠、外形尺寸小、通流能力大、压降小、工艺性好等特点。

管接头的种类很多，按通路数量和流向可分为直通、弯头、三通和四通；按连接方式不同，可分为扩口式、焊接式、卡套式等，其规格品种可查阅有关手册。液压系统中常用的管接头见表6-3。

表6-3　液压系统中常用的管接头

名称	结构简图	特点和说明
焊接式管接头	1—接管　2—螺母　3、6—密封圈 4—接头体　5—本体	1. 连接牢固，利用球面进行密封，简单可靠 2. 必须保证焊接质量，必须采用厚壁钢管，装拆不便

（续）

名称	结构简图	特点和说明
卡套式管接头	1—接头体　2—管路　3—螺母　4—卡套	1. 轴向尺寸要求不严,装拆方便 2. 对油管径向尺寸要求较高,为此要采用冷拔无缝钢管
扩口式管接头	1—接头体　2—管套　3—螺母	1. 利用油管管端的扩口在管套的压紧下进行密封,结构简单 2. 适用于钢管、薄壁钢管、尼龙管和塑料管等低压管道的连接
扣压式管接头	1—接头体　2—螺母	用来连接高压软管
快速接头	1、7—弹簧　2、6—阀芯　3—钢球 4—外套　5—接头体	1. 用在经常装拆处 2. 操作简单方便

6. 油箱

油箱的功用是储存油液,散发油液中的热量,释放出混在油液中的气体,分离沉淀油液中的污物等。

液压系统中的油箱有整体式和分离式两种。整体式油箱与机体做在一起,利用机体的内腔作为油箱。这种油箱结构紧凑，各处漏油易于回收，但增加了设计和制造的复杂性，维修不便，散热条件不好，且会使机体或邻近构件产生热变形。分离式油箱单独设置，与主机分开，减少了油箱发热和液压源振动对主机工作精度的影响，因此得到了普遍的应用，特别是在精密机械上应用很广。

油箱的典型结构如图 6-15 所示。由图可见，油箱内部用隔板 7、9 将吸油管 1 与回油管 4 隔开。顶部、侧部和底部分别装有滤油网 2、液位计 6 和排放污油的放油阀 8。安装液压泵及其驱动电动机的上盖 5 则固定在油箱顶面上。

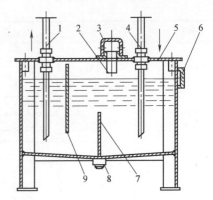

图 6-15　油箱

1—吸油管　2—滤油网　3—盖　4—回油管　5—上盖
6—液位计　7,9—隔板　8—放油阀

 疑难诊断

问题 1：起动液压泵后，出油口无油输出，试分析原因。

答：1）液压泵旋转方向不正确；更改电动机相序，改变电动机的旋转方向。

2）漏气或堵塞；检查管道、过滤器、油箱等是否存在漏气、堵塞情况，进行清洗或更换。

3）油箱中油液面太低；检查油液面高度，并将吸油管插入液面以下。

4）变量液压泵定子和转子同心；改变定子和转子的偏心距。

问题 2：起动液压泵后，产生较大的噪声，试分析原因。

答：1）液压泵吸空；检查管道、过滤器等是否存在漏气、堵塞的情况，进行清洗或更换。

2）吸油过滤器容量太小；增加过滤器的容量。

3）液压泵与电动机轴线不同心；按技术要求进行调整。

4）液压泵内部故障；更换液压泵或内部部件。

总结评价

通过以上的学习，对实践课题的完成情况和相关知识的了解情况作出客观评价，并填写表 6-4。

表6-4　认识液压泵及液压泵站任务评价

序号	评价内容	达标要求	自评	组评
1	液压泵的工作原理及主要参数	能借助生活实例解释液压泵的工作原理，熟悉液压泵铭牌参数，能识读液压泵图形符号		
2	液压泵的结构、主要类型及应用特点	了解液压泵的结构，熟悉常用液压泵的类型、应用，能正确拆装结构简单的液压泵		
3	液压泵站	熟悉液压泵站各组成部分的功能，能正确拆装液压泵站		
4	液压管件	熟悉液压管件，能正确装接液压管件		

（续）

序号	评价内容	达标要求	自评	组评
5	液压泵常见故障	能对液压泵运行中出现的简单故障进行诊断和排除		
6	文明实践活动	遵守纪律,按规程活动		
总体评价				
再学习评价记载				

 课后思考

1. 若液压泵运转速度很低时没有液压油输出,试分析可能的原因。

2. 比较齿轮泵、双作用叶片泵和轴向柱塞泵的性能及应用特点。

3. 一台液压泵的机械效率 $\eta_M = 0.92$,泵的转速 $n = 950 \mathrm{r/min}$ 时的理论流量为 $q_t = 160 \mathrm{L/min}$,若泵的工作压力 $p = 2.95 \mathrm{MPa}$,实际流量为 $q = 152 \mathrm{L/min}$。试求:(1)液压泵的总效率;(2)液压泵在上述工况下所需的电动机功率;(3)驱动液压泵所需的转矩。

任务2　认识液压缸与液压马达

 任务描述

执行元件是液压系统中输出功率的部件,其作用是将液压能转变为机械能,是实际工作的装置。正像人的手臂(图6-16)一样,执行元件有线性和旋转两种形式。液压缸是线性执行元件,它输出的是力和直线运动;液压马达是旋转执行元件,它输出的是扭矩和旋转运动。

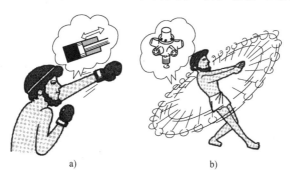

a)　　　　　　　　b)

图6-16　手臂动作与液压执行元件
a)线性执行元件　b)旋转执行元件

液压缸有两种类型:单作用液压缸和双作用液压缸。对于单作用液压缸,受压液体只能进入液压缸的一端,活塞以受压液体推动它的方向在液压缸缸体中滑行,但返回时,必须利用重力等外界力将活塞推动到其原来的位置上;对于双作用液压缸,受压液体可以进入液压缸的任何一端,活塞可以在两个方向上工作。

液压马达是一种输出旋转运动的执行元件,其动作与液压泵相反。液压泵输出液体,而

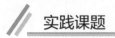

液压马达则由这种液体驱动。

相比液压马达，液压缸的应用更为广泛。本任务的重点是认识常见液压缸的结构、类型及应用特点等。

实践课题

单杆活塞缸的拆装

1. 单杆活塞缸结构图（图 6-17）

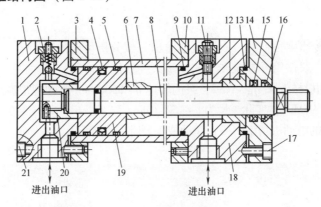

进出油口 进出油口

图 6-17　单杆活塞缸结构图

1—缸底端盖　2—带放气孔的单向阀　3、10—连接法兰　4、9、13、15—密封圈　5—导向环　6—缓冲套
7—缸筒　8—活塞杆　11—缓冲节流阀　12—导向套　14—压盖　16—防尘圈　17、21—连接螺钉
18—缸盖（缸头）　19—活塞　20—无杆端缓冲套

2. 结构分析

单杆活塞缸主要由缸筒、活塞、活塞杆、前后端盖及密封和缓冲装置等构成。为保证活塞能在缸体内作左右移动，缸体、活塞、活塞杆及导向套的轴线之间须达到一定的同轴度要求。此外，为防止缸体内的油液向外泄漏，以及在液压缸左、右两腔之间泄漏，液压缸部件之间还有一定的密封要求。

3. 实施步骤

1）根据学校条件选择一只合适的单杆液压缸。

2）根据装配关系，逐一拆下液压缸组成零部件并编号，填写表6-5。

表 6-5　单缸活塞缸的拆装总结

编号	零件名称	数量	与之相配合件的编号	所在部件名称	装拆顺序要求
1					
2					
…					
主要结论	活塞与活塞杆组件的连接方式				
	端盖与缸体组件的连接方式				

（续）

编号	零件名称	数量	与之相配合件的编号	所在部件名称	装拆顺序要求
主要结论	静态密封方式				
	动态密封方式				
	缓冲方式				
	排气方式				
	安装方式				

3）分析液压缸活塞与活塞杆之间、端盖与缸体之间的连接方式。

4）分析液压缸是否具有缓冲装置，以及如何实现缓冲。

5）分析液压缸是否具有排气装置。

6）分析液压缸的安装方式。

7）清洗各零件。

8）按顺序装配各零件，防止漏装或错装零件。

9）检查液压缸活塞的运动是否灵活，有条件的应对液压缸进行性能测试。

10）整理场地。

 知识链接

1. 常见液压缸

液压缸按结构特点可分为活塞式液压缸、柱塞式液压缸和摆动液压缸三类。典型液压缸的图形符号如图 6-18 和图 6-19 所示。

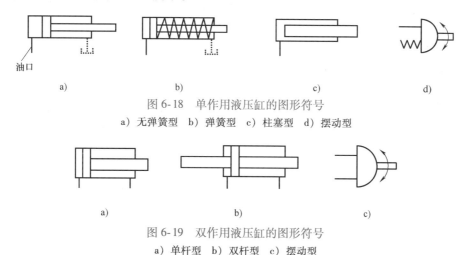

图 6-18　单作用液压缸的图形符号

a）无弹簧型　b）弹簧型　c）柱塞型　d）摆动型

图 6-19　双作用液压缸的图形符号

a）单杆型　b）双杆型　c）摆动型

（1）活塞式液压缸。活塞式液压缸按使用要求不同，可分为双杆式和单杆式两种。

资料卡

液压执行元件与气动执行元件的结构、图形符号和形式均很类似，应注意区别。

1）双杆式活塞缸。活塞两端都有一根直径相等的活塞杆伸出的液压缸称为双杆式活塞缸，它一般由缸体、缸盖、活塞、活塞杆和密封件等零件构成。

图6-20所示为双杆式活塞缸的工作原理。活塞缸的进、出口布置在缸筒两端,当液压油从进、出口交替输入液压缸时,液压力作用在活塞的端面,活塞通过活塞杆(或缸体)带动工作台移动。图6-20a所示为缸筒固定式安装方式,当活塞的有效行程为l时,整个工作台的运动范围为$3l$,所以机床占地面积大,一般适用于小型机床。当工作台行程要求较长时,可采用图6-20b所示的活塞杆固定的形式,其工作台的移动范围只为液压缸有效行程l的2倍,因此占地面积小。

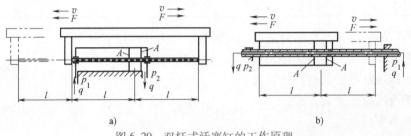

a)   b)

图6-20 双杆式活塞缸的工作原理

由于双杆式活塞缸两端的活塞杆的直径通常是相等的,因此,其左、右腔的有效面积也相等。当分别向左、右腔输入相同压力和流量的油液时,液压缸左、右两个方向上的推力和速度相等。双杆式活塞缸的推力F和速度v可按下式计算

📖 资料卡

活塞式液压缸的主要技术参数有缸径、活塞杆直径、最大行程、工作压力、油口尺寸、安装方式等。

$$F=(p_1-p_2)A=\frac{\pi(D^2-d^2)}{4}(p_1-p_2) \tag{6-8}$$

$$v=\frac{q}{A}=\frac{4q}{\pi(D^2-d^2)} \tag{6-9}$$

式中 A——活塞的有效工作面积(m^2);

    D、d——活塞的直径和活塞杆的直径(m);

  p_1、p_2——液压缸进、出油腔的压力(Pa);

      q——输入流量(m^3/s)。

2)单杆式活塞缸。单杆式活塞缸的活塞只有一端带活塞杆。单杆式活塞缸也有缸体固定和活塞杆固定两种形式,但它们的工作台移动范围都是活塞有效行程的2倍。

如图6-21所示,由于液压缸两腔的有效工作面积不相等,因此,它在两个方向上的输出推力和速度也不相等,其值分别为

$$F_1=p_1A_1-p_2A_2=\frac{\pi(p_1-p_2)D^2-p_2d^2}{4} \tag{6-10}$$

$$F_2=p_1A_2-p_2A_1=\frac{\pi(p_1-p_2)D^2-p_1d^2}{4} \tag{6-11}$$

$$v_1=\frac{q}{A_1}=\frac{4q}{\pi D^2} \tag{6-12}$$

$$v_2 = \frac{q}{A_2} = \frac{4q}{\pi(D^2 - d^2)} \tag{6-13}$$

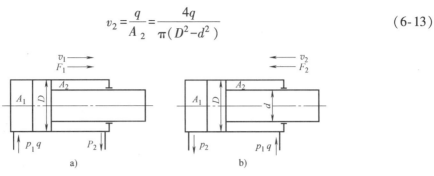

图 6-21 单杆式活塞缸的工作原理

（2）柱塞式液压缸 图 6-22a 所示为柱塞式液压缸的结构原理图。它由缸筒、柱塞、导向套等零件组成。这种液压缸中的柱塞和缸筒不接触，运动时由缸盖上的导向套来导向，因此，缸筒的内壁不需要精加工，特别适用于行程较长的场合。图 6-22b 所示为柱塞式液压缸的实物图。

柱塞式液压缸只能实现一个方向的运动，反向运动需要靠外力，如重力、弹簧力，或成对使用柱塞缸（图 6-23）来实现。

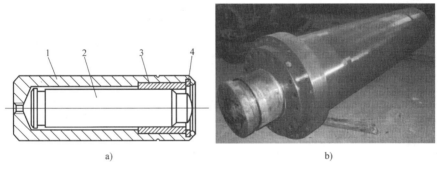

图 6-22 柱塞式液压缸

a）结构原理图 b）实物图

1—缸筒 2—柱塞 3—导向套 4—弹簧圈

柱塞式液压缸输出的推力和速度分别为

$$F = pA = \frac{\pi d^2}{4}p \tag{6-14}$$

$$v = \frac{4q}{\pi d^2} \tag{6-15}$$

式中 d——柱塞的直径（m）。

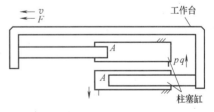

图 6-23 柱塞式液压缸成对使用

（3）摆动液压缸 摆动液压缸又称为摆动式液压马达，它是一种输出转矩并实现往复摆动的液压执行元件。常用的摆动液压缸有单叶片式和双叶片式两种，分别如图 6-24a、b 所示。摆动液压缸由叶片轴 1、缸体 2、定块 3 和回转叶片 4 等零件组成。定块固定在缸体上，叶片和叶片轴连接在一起，当进、出油口交替输入液压油时，叶片带动叶片轴作往复摆动，输出转矩和角速度。单叶片缸输出轴的摆角小于310°，双叶片缸输出轴的摆角小于150°，但其输出转矩是单叶片缸的2倍。图6-24c所示为摆动液压缸的实物图。

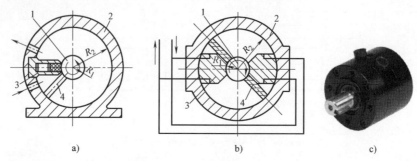

图 6-24 摆动液压缸

a）单叶片式 b）双叶片式 c）实物图

1—叶片轴 2—缸体 3—定块 4—回转叶片

2. 液压马达

从原理上讲，液压泵可以用作液压马达，液压马达也可用作液压泵。但事实上，同类型的液压泵和液压马达虽然在结构上相似，但由于两者的工作情况不同，使得两者在结构上也存在某些差异：

1）液压泵的进油口比出油口大，液压马达的进、出油口则相同。

资料卡

液压马达与液压泵关系，就像电动机与发电机之间的关系。从原理上讲，电机与发电机是可逆的，液压马达与液压泵也是可逆的。

2）结构上，液压马达要能实现正、反转，结构应具有对称性；液压泵则为单方向转动，不要求对称，但要有自吸能力。

3）液压马达的结构及润滑，应能保证在宽速度范围内正常工作。

4）液压马达应有较大的起动转矩和较小的脉动。

图6-25所示为液压马达的图形符号。

液压马达按结构可分为齿轮式、叶片式和柱塞式（轴向柱塞式和径向柱塞式）三类，如图6-26所示。

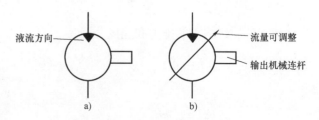

图 6-25 液压马达的图形符号

a）单向定量马达 b）单向变量马达

3. 液压缸的结构

（1）缸体组件 缸体组件包括缸筒、前后缸盖和导向套等，缸体组件中缸筒与端盖的连接形式很多，主要有法兰式、半环式、拉杆式、焊接式和螺纹式等，如图6-27所示。

（2）活塞组件 活塞组件包括活塞和活塞杆。活塞和活塞杆的连接形式有多种，如图6-28所示。整体式和焊接式结构简单、轴向尺寸小，但损坏后需要整体更换；锥销式易于加工、装配简单，但承载能力小；螺纹式结构简单、拆卸方便，但螺纹加工会削弱活塞杆的

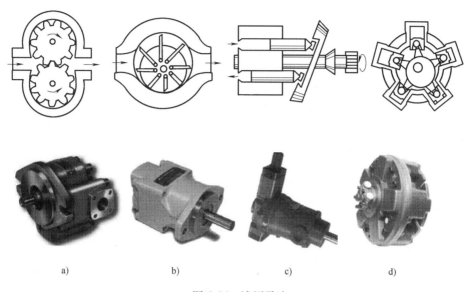

图 6-26　液压马达

a）齿轮马达　b）叶片马达　c）轴向柱塞马达　d）径向柱塞马达

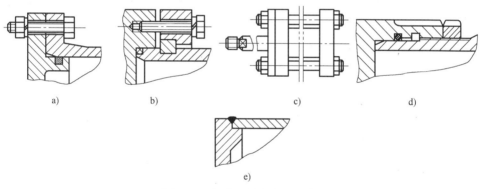

图 6-27　缸体组件的常见形式

a）法兰式　b）半环式　c）拉杆式　d）螺纹式　e）焊接式

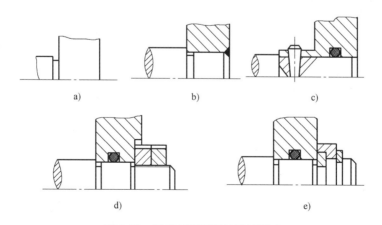

图 6-28　活塞与活塞杆的连接形式

a）整体式　b）焊接式　c）锥销式　d）螺纹式　e）卡环式

强度；卡环式连接强度高、结构复杂、装卸方便。

（3）液压缸缓冲装置　液压缸缓冲装置的作用是防止活塞在行程终了时和缸盖发生撞击。常见的缓冲装置如图6-29所示。从原理上看，各种缓冲装置均利用活塞运行接近端盖时减少流出液体的流量来实现减速缓冲。

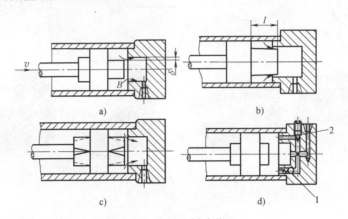

图 6-29　液压缸缓冲装置
a) 圆柱形环隙式　b) 圆锥形环隙式　c) 可变节流式　d) 可调节流式

（4）液压缸的排气　液压系统中混入空气后会使其工作不稳定，产生振动、噪声、低速爬行，以及起动时突然前冲等现象。要保证液压缸正常工作，需要排除积留在液压缸内的空气。一般情况下，将液压缸进出油口设置在最高处；对运动平稳性要求较高的液压缸，须设置排气塞，如图6-30所示。工作前打开排气塞，空运行液压缸往返数次，空气即可通过排气塞排出，工作时关闭排气塞。

4. 液压缸的安装形式

与气缸的安装形式类似，液压缸的安装部位主要有活塞头部、液压缸两端和中间部位。确定液压缸的具体安装形式时，需要考虑动作要求、设备安装位置等因素。

5. 液压缸的密封

密封是解决液压系统泄漏问题最重要、最有效的手段。液压系统若密封不良，会出现内、外泄漏，如图6-31所示。液压缸的泄漏不仅会污染环境，还可能将空气吸入液压系统，而影响液压泵的工作性能和液压执行元件运动的平稳性。泄漏严重时，会造成系统容积效率过低和工作压力达不到要求。另一方面，若密封过度，也会造成密封部分的剧烈磨损，缩短密封件的使用寿命，增大液压元件内的运动摩擦阻力，降低液压系统的机械效率。

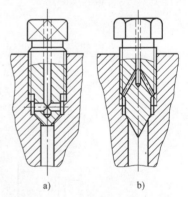

图 6-30　排气塞
a) 打开排气状态　b) 关闭排气状态

（1）液压元件对密封装置的主要要求

1）良好的密封性能，即泄漏量应尽量少甚至没有，并且随着压力的增加能自动提高密封性能（称为

图 6-31　液压缸泄漏的主要途径

自封性）。

2）密封装置和运动件之间的摩擦阻力要小。

3）密封件的耐蚀能力强，不易老化，耐磨性好，磨损后在一定程度上能自动补偿。

4）结构简单，工艺性好，使用、维护方便，价格低廉。

5）密封件与液压油有良好的相容性。

（2）常用的液压元件密封装置

1）间隙密封。间隙密封是利用相对运动件配合面之间的微小间隙进行密封的，常用于柱塞、活塞或阀的圆柱配合副中。间隙密封的密封性能与间隙的大小、压力差、配合表面的长度和直径的加工精度等因素有关，其中以间隙的影响最大。在圆柱配合的间隙密封中，常在阀芯的外表面开有几条等距离的均压槽，其主要作用是使径向压力均匀分布，减小液压卡紧力，同时使阀芯在孔中具有良好的对中性，以减小间隙的方法来减少泄漏；同时，均压槽所形成的阻力对减少泄漏也有一定的作用。均压槽的宽度一般为 $0.3 \sim 0.5 \mathrm{mm}$，深度为 $0.5 \sim 1.0 \mathrm{mm}$，如图 6-32 所示。

间隙密封的优点是摩擦力小，缺点是磨损后不能自动补偿，主要用于直径较小、有相对运动的圆柱配合副，如液压泵内的柱塞与缸体之间、滑阀的阀芯与阀孔之间的配合。

2）O 形密封圈密封。O 形密封圈是一种截面为圆形的橡胶圈，如图 6-33 所示，一般用耐油橡胶制成。O 形密封圈具有良好的密封性能，其内、外侧和端面都能起密封作用，结构紧凑，与运动件之间的摩擦阻力小，制造容易，装拆方便，成本低，且高、低压均可以用，既可用于静密封，又可用于动密封。所以，O 形密封圈在液压系统中得到了广泛的应用。

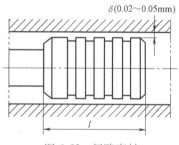

图 6-32　间隙密封

O 形密封圈良好的密封效果在很大程度上取决于安装槽尺寸的正确性。一般槽宽和槽深在有关手册中有推荐值。图 6-34 所示为 O 形密封圈装入密封沟槽的情况，δ_1、δ_2 为 O 形圈装配后的预压缩量，通常用压缩率 W 表示，$W = [(d_0 - h)/d_0] \times 100\%$。对于固定密封、往复运动密封和回转运动密封，其压缩率应分别达到 $15\% \sim 20\%$、$10\% \sim 20\%$ 和 $5\% \sim 10\%$，这样才能取得令人满意的密封效果。

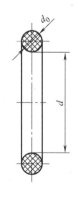

图 6-33　O 形密封圈

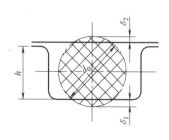

图 6-34　O 形密封圈装入密封沟槽的情况

当油液的工作压力超过 10MPa 时，O 形密封圈在往复运动中容易被油液压力挤入间隙而提早损坏，如图 6-35a 所示。为此，要在它的侧面安放厚度为 1.2~1.5mm 的聚四氟乙烯挡圈，单向受力时在受力侧的对面安放一个挡圈，如图 6-35b 所示；双向受力时，则在两侧各放一个挡圈，如图 6-35c 所示。

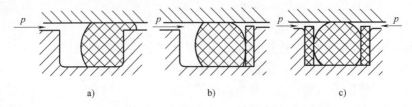

图 6-35　O 形密封圈加挡圈

3）唇形密封圈。唇形密封圈的截面形状有 Y 形、V 形、U 形、L 形等，这类密封圈的共同的特点是都具有一个与密封面接触的唇边。安装时，唇口必须对着液压油侧。低压时，唇边靠自身的预压缩弹性力实现密封；高压时，唇口在液压油压力的作用下张开，使唇边与被密封面贴得更紧，压力越高则唇边被压得越紧，密封性越好。可见，采用唇形密封圈进行密封的特点是能随着工作压力的变化自动调整密封性能，当压力降低时，唇边的压紧程度也随之降低，从而减少了摩擦阻力和功率消耗。此外，还能自动补偿唇边的磨损，保持密封性能不降低。

图 6-36 所示为液压缸中普遍使用的小 Y 形密封圈，它常用于活塞和活塞杆的密封。图 6-36a 所示为轴用密封圈，图 6-36b 所示为孔用密封圈。这种小 Y 形密封圈的特点是断面宽度和高度的比值大，增加了底部支承宽度，可以避免由摩擦力造成的密封圈的翻转

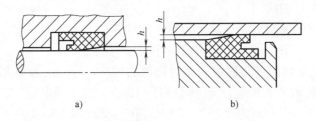

图 6-36　小 Y 形密封圈
a）轴用　b）孔用

和扭曲。小 Y 形密封圈密封可靠、寿命长、摩擦力小，工作压力可达 20MPa，在液压系统中得到了广泛应用。

图 6-37 所示为 V 形密封圈的组成，它由多层涂胶织物压制而成，由支承环、密封环和压环三个零件组成，三个环叠在一起使用。V 形密封圈可用于内径和外径的密封，具有密封性能好、耐高压（工作压力可达 50MPa）、寿命长等优点，常用于直径大、压力高、行程长的场合；其缺点是摩擦阻力大、轴向尺寸长。

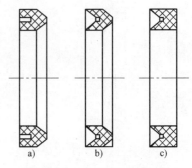

图 6-37　V 形密封圈的组成
a）支承环　b）密封环　c）压环

疑难诊断

问题 1：实践课题中，若采用 Y 形密封圈，用于活塞密封，为何活塞处要使用一对密封圈，而其他位置仅用一只密封圈。

答：安装 Y 形密封圈时，一定要将 Y 开口对着液压油方向，这样才能保证当压力升高时，密封圈的密封效果也随之提高。在液压系统工作过程中，活塞左、右两腔都会通入液压油，因此，为防止左、右两腔油液泄漏，需要设置一对密封圈。然而，其他部位不存这种情况，仅一边通入液压油，因此只需要设置一只密封圈即可。

问题 2：液压缸产生"爬行"现象的原因有哪些？

答：1）当缸壁拉毛，局部磨损或腐蚀严重时，一般会产生"爬行"。

2）密封圈压得太紧。

3）活塞与活塞杆的安装不同轴，或者活塞杆不直。

4）排气装置不灵，未完全排气。

总结评价

通过以上的学习，对实践课题的完成情况和相关知识的了解情况作出客观评价，并填写表 6-6。

表 6-6　认识液压缸与液压马达任务评价

序号	评价内容	达标要求	自评	组评
1	液压的类型,液压马达的类型	了解常见液压缸和液压马达的类型及应用特点		
2	液压缸的结构	熟悉活塞式液压缸的主要组成及装配关系,熟悉其各组成部件的主要形式,能正确装拆液压缸		
3	液压缸、液压马达的参数	理解液压缸、液压马达的主要参数		
4	液压缸故障	能对液压缸使用过程中出现的简单故障进行诊断并予以排除		
5	文明实践活动	遵守纪律,按规程活动		
总体评价				
再学习评价记载				

课后思考

1. 一双杆式活塞液压缸，要求活塞杆的运动速度 $v = 5\text{cm/s}$，已知活塞直径 $D = 200\text{mm}$，活塞杆直径为 $d = 0.8D$。试确定所需流量 q（m^3/s）的大小。

2. 某柱塞式液压缸的柱塞直径 $d = 14\text{cm}$，缸体内径 $D = 28\text{cm}$，输入流量 $q = 25\text{L/min}$，求柱塞的运动速度。

项 目 七

液压控制阀及基本回路
的组建与调试

项 目 描 述

  人们在用手臂搬运物件时（图7-1），需要由大脑指挥相关肌肉，控制手臂的运动方向、移动速度及施加作用力的大小。同样，由液压系统完成相关动作时，如钻削加工（图7-2），需要由系统控制执行元件（液压缸）的运动方向、运动速度和输出力的大小，才能满足钻孔时钻头的钻进与退出、钻削速度及钻削力的要求。

  在液压系统中，把对执行元件的运动方向、作用力和速度进行控制的液压元件称为液压控制阀，简称液压阀；把由液压泵、液压缸（马达）、液压阀、油管等液压元件组合而成，用于完成不同功能（如速度控制等）的回路称为基本回路。一个液压系统是由一个或若干个功能不同的基本回路构成的。

图7-1　人搬运物件

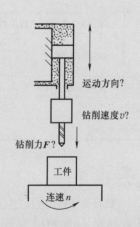

图7-2　钻削加工示意图

  显然，液压控制阀是液压基本回路的核心液压元件，液压基本回路实现的功能与液压控制阀的功能紧密相关。认识液压控制阀和认识液压基本回路同等重要，认识它们是识读液压系统原理图的基础。

1. 理解方向控制阀的工作原理，能够组建并调试常见的方向控制基本回路。
2. 理解压力控制阀的工作原理，能够组建并调试常见的压力控制基本回路。
3. 理解流量控制阀的工作原理，能够组建并调试常见的速度控制基本回路。
4. 熟悉多缸动作基本回路，能够组建并调试多缸动作控制回路。

任务1　方向控制回路的组建与调试

任务描述

像交通警察或信号灯（图7-3）控制车流一样，方向控制阀的作用是控制液流的流向。通过控制进入执行元件液流的通、断和改变流向，以实现液压系统执行元件的起动、停止和换向作用的回路称为方向控制基本回路，方向控制阀是方向控制基本回路的核心液压元件。

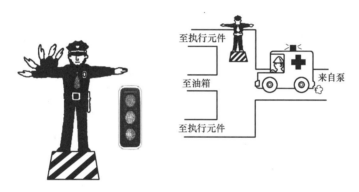

图7-3　汽车流向与液压油流向的控制

本任务是以图7-2所示的钻削加工为例，实现钻头的进退运动，并保证钻头在不工作时不发生"漂移"（锁紧）。在此，需要引入由换向阀等液压元件组成的换向回路或锁紧回路。

实践课题

实践课题1　钻削加工进、退方向的控制

1. 回路图及控制电路图（图7-4）

2. 回路分析

控制方案1是采用手动换向阀控制双作用液压缸的液压回路。扳动手动换向阀的手柄，可以实现液压缸的进、退运动，即实现液压缸的方向控制。

控制方案2是采用电磁阀控制单作用液压缸的液压回路。当电磁铁 YA 通电时，液压缸

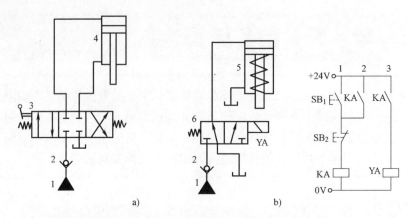

图 7-4　钻削加工进、退方向回路图和控制电路图

a）控制方案 1　b）控制方案 2

1—液压源（液压泵等）　2—单向阀　3—三位四通手动换向阀　4—双作用液压缸

5—单作用液压缸　6—二位三通电磁换向阀

完成前进动作；当电磁铁 YA 失电时，单作用液压缸则依靠缸内弹簧复位，作返回动作，从而实现对液压缸方向的控制。

3. 实施步骤

1）利用 FluidSIM-H 液压仿真软件进行运动仿真。

2）在教师的指导下选择相关液压元件，并在实训平台上固定液压元件。

3）分别按控制方案 1、2 的回路图连接管路，对控制方案 2，还需要按控制电路图连接控制电路。

4）对于控制方案 1，分别将手柄放在左、中、右三个位置，依次观察液压缸的运动情况。

5）对于控制方案 2，分别按下起动按钮 SB_1 和停止按钮 SB_2，观察液压缸的运动情况。

6）按教师要求思考相关问题。

7）整理场地。

实践课题 2　液压缸锁紧控制

1. 回路图（图 7-5）

2. 回路（结构）分析

所谓锁紧，就是防止液压缸"漂移"，即在液压缸不工作时，使工作部件能在任意位置上停留，以及在停止工作时防止其在外力作用下发生移动。

控制方案 1 采用的是 O 型中位机能的三位换向阀，此方法最简单。当阀芯处于中位时，液压缸的进、出油口都被封闭，将活塞锁紧。这种锁紧回路由于受到滑阀泄漏的影响，故锁紧效果较差。

控制方案 2 采用的是液控单向阀，即液压锁，此方法最常用。在液压缸的进、回油路中都串接了液压锁，活塞可以在行程的任何位置锁紧。由于液控锁有良好的密封性能，即使在外力作用下，也能使执行元件长期锁紧。为了保证在三位换向阀中位时锁紧，液压锁的控制

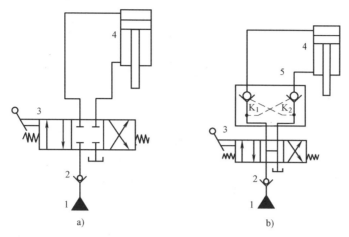

图 7-5　液压缸锁紧控制回路

a）控制方案 1　b）控制方案 2

1—液压源　2—单向阀　3—三位四通手动换向阀　4—双作用液压缸　5—液压锁

口 K_1、K_2 须与油箱相通，即换向阀应采用 H 型或 Y 型中位机能。

3. 实施步骤

1）在教师的指导下选择相关液压元件，并在实训平台上固定液压元件。

2）分别按控制方案 1、2 的回路图连接管路。

3）对于控制方案 1、2，分别将手柄放在中间位置，对液压缸施加外力，观察液压缸能否运动。

4）按教师要求思考相关问题。

5）整理场地。

知识链接

1. 单向阀

液压系统中常用的单向阀有普通单向阀和液控单向阀两种。

（1）普通单向阀　普通单向阀的作用是只允许液流沿一个方向流动，反向液流则被截止。它要求正向液流通过时压力损失小，反向液流被截止时密封性能好。

资料卡

普通单向阀类似于电学中的二极管。前者控制液流单向流动，后者控制电流单向流动。

图 7-6a 所示为管式普通单向阀。它是由阀体、阀芯和弹簧等零件组成的。当液压油从 P_1 口流入时，其克服弹簧力使阀芯右移，阀口开启，油液经阀口、阀芯上的径向孔 a 和轴向孔 b 从 P_2 口流出；若油液从 P_2 口流入，则在液压力和弹簧力的作用下，阀芯的锥面紧压在阀座上，阀口关闭，使油液不能流过。

图 7-6b 所示为板式普通单向阀。由图可知，板式单向阀与管式单向阀的差别在于阀口的连接安装形式不同。管式单向阀的阀口加工有螺纹，阀口之间用管子连接起来，连接处采

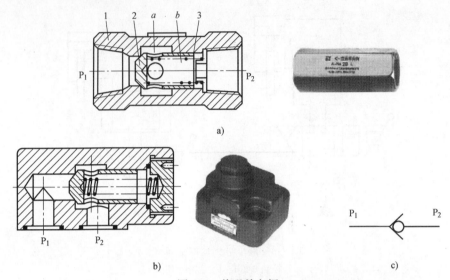

图 7-6　普通单向阀

a）管式普通单向阀结构与实物图　b）板式普通单向阀结构与实物图　c）图形符号

1—阀体　2—阀芯　3—弹簧

用螺纹结构；板式单向阀的阀口为光孔，并加工有用于安装密封圈的沉孔，且所有阀口设计在同一个安装平面上，阀通过阀块或阀板实现与其他阀的连接。图 7-6c 所示为普通单向阀的图形符号。

　　单向阀中的弹簧主要是用来克服阀芯的摩擦阻力和惯性力，使单向阀工作灵敏、可靠，所以普通单向阀的弹簧刚度都选得较小，以免油液流过时产生较大的压力损失。若将单向阀中的弹簧换成刚度较大的弹簧，则可将其置于回油路中作背压阀使用。

　　普通单向阀应用非常灵活，可以用作单向阀、背压阀，也可以与其他液压元件联合使用。实践课题中的单向阀被安装在液压源（泵）的出口处（图 7-4 和图 7-5），用以防止因系统的压力冲击而影响泵的正常工作，同时可防止在液压泵不工作时系统的油液倒流回油箱。

　　（2）液控单向阀与液压锁　图 7-7a 所示为液控单向阀结构原理图。当控制口 K 处无液压油通入时，其功能与普通单向阀一样，液压油只能从进油口 P_1 流向出油口 P_2，不能反向

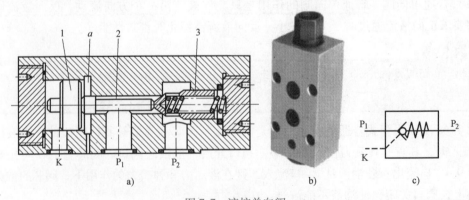

图 7-7　液控单向阀

a）结构原理图　b）实物图　c）图形符号

1—控制活塞　2—顶杆　3—阀芯

流动。当控制口 K 处有液压油通入时，控制活塞 1 右侧的 a 腔通泄油口，活塞在液压力的作用下向右移动，推动顶杆 2 顶开阀芯，使油口 P_1 和 P_2 接通，油液就可以从 P_2 口流向 P_1 口。由于控制活塞有较大的作用面积，所以 K 口的控制压力可以小于主油路的压力，一般为主油路压力的 30%～50%。图 7-7b、c 所示分别为液控单向阀的实物图和图形符号。

液控单向阀具有良好的单向密封性，常用于执行元件需要长时间保压、锁定的情况，也可防止液压缸停止运动时因自重而下滑。这种阀也称液压锁。若将两个液压单向阀组合起来，就成了双向液压锁，它可防止液压缸在两个方向运动，常用于汽车起重机的支脚油路，也可用于矿山采掘机械液压支架的锁紧回路。图 7-8a、b、c 所示分别为双向液压锁的结构示意图、图形符号和实物图。

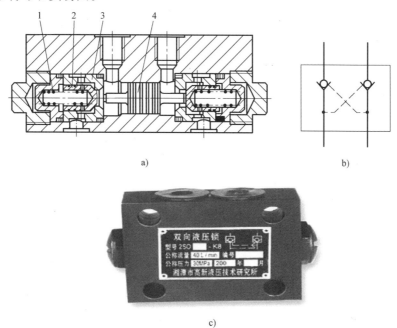

图 7-8　双向液压锁
a）结构示意图　b）图形符号　c）实物图
1—弹簧　2—阀芯　3—阀座　4—活塞

2. 换向阀

换向阀是利用阀芯与阀体间相对位置的改变，使油路接通、切断或变换油液的流动方向，从而使液压执行元件起动、停止或变换运动方向的一种液压阀。

资料卡

气动阀和液压阀的图形符号类似或相同，其功能相似，读法也基本一致。因此，学习时应注意区别和联系这两种阀。

按阀芯相对于阀体的运动方式，换向阀可分为滑阀式和转阀式两种形式。滑阀式换向阀在液压系统中远比转阀式换向阀用得广泛。按改变阀芯与阀体之间相对位置的动力源的种类或操作方式，换向阀分为手动、机动、电磁动、液动和电液动等。图 7-9 所示为常用滑阀的操纵方式及其符号。

气动与液压技术

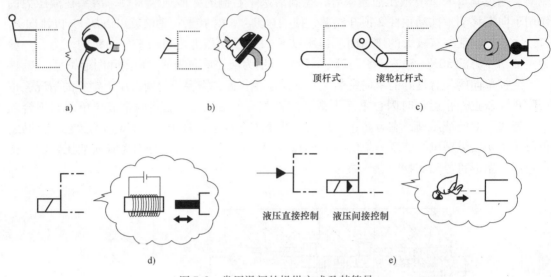

顶杆式　滚轮杠杆式

液压直接控制　液压间接控制

图 7-9　常用滑阀的操纵方式及其符号

a) 手摇式　b) 脚踏式　c) 机械式　d) 电磁动　e) 液动和电液动

（1）常用换向阀简介

1）手动换向阀。图 7-10a 所示为自动复位式手动换向阀。推动手柄到右位时，P 与 A 相通，B 经阀芯轴向孔与 T 相通；推动手柄到左位时，P 与 B 相通，A 经阀芯轴向孔与 T 相通；放开手柄 1，阀芯 2 在弹簧 3 的作用下自动回复中位，这时 P、A、B、T 全部关闭。该阀适用于动作频繁、工作持续时间短的场合，如工程机械的液压传动系统。

资料卡

　换向阀主要技术参数：油口通径、工作流量、连接型式、操纵方式，对电磁阀还包括工作电压等。

　　将自动复位式手动换向阀阀芯左端的弹簧 3 改成图 7-10a 中上部的定位机构，就成为定位式手动换向阀，其定位缺口数由阀的工作位置数决定。由于定位机构的作用，松开手柄后，阀仍保持在所需的工作位置上。这种阀主要用于机床、液压机等需要较长时间保持工作状态的情况。图 7-10b 所示为自动复位式和带定位机构手动换向阀的图形符号。图 7-10c 所示为手动换向阀的实物图。

　　2）电磁换向阀。电磁换向阀是利用电磁铁的通电吸合与断电释放，推动阀芯来实现液流通、断或改变液流方向的。电磁换向阀因操作方便、布置灵活、易于实现动作转换，所以应用最为广泛。

　　在图 7-11a 所示的电磁换向阀中，当电磁铁未通电，阀芯位于图示位置时，P 与 A 相通，B 关闭；当电磁铁通电吸合时，推杆 1 将阀芯 2 推向右端，这时 P 与 B 相通，A 关闭。图 7-12b、c 所示分别为该换向阀的图形符号和实物图。

　　在图 7-12a 所示的电磁换向阀中，当两端的电磁铁未通电时，阀两端的弹簧使阀芯处于中间位置，此时，P、A、B、T_1、T_2 互不相通；当右端电磁铁通电吸合时，阀芯被推至左端，P 与 A 相通，B 与 T_2 相通，T_1 关闭；当左端电磁铁通电吸合时，阀芯被推至右端，P

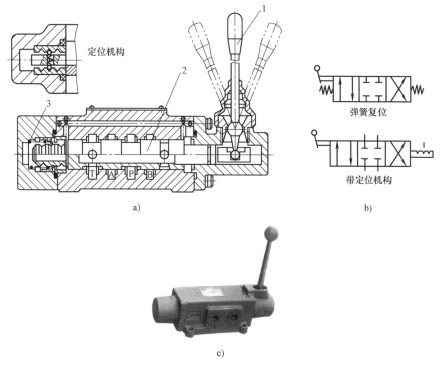

图 7-10 手动换向阀

a）自动复位式及带定位机构手动换向阀结构原理图 b）图形符号 c）实物图

1—手柄 2—阀芯 3—弹簧

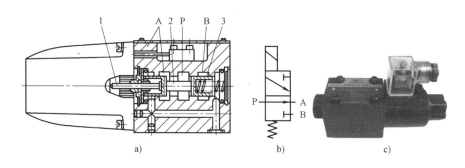

图 7-11 二位三通电磁换向阀

a）结构原理图 b）图形符号 c）实物图

1—推杆 2—阀芯 3—弹簧

与 B 相通，A 与 T_1 相通，T_2 关闭。图 7-13b、c 所示分别为该换向阀的图形符号和实物图。

3）液动换向阀。液动换向阀是利用控制油路中的液压油来改变阀芯位置的换向阀。它适用于流量较大的场合。

在图 7-13a 所示的液动换向阀中，当控制油口 K_1、K_2 不通液压油时，阀芯在两端弹簧的作用下处于中间位置，P 关闭，A、B、T 相通；当 K_1 接通液压油，K_2 接通回油时，阀芯向右移动，P 与 A 相通，B 与 T 相通；当 K_2 接通液压油，K_1 接通回油时，阀芯向左移动，P 与 B 相通，A 与 T 相通。图 7-13b、c 所示分别为该液动换向阀的图形符号和实物图。

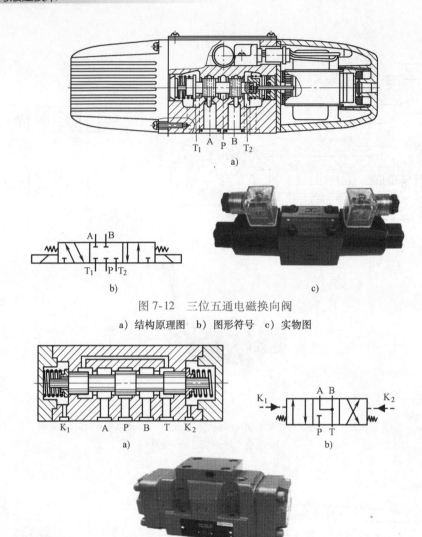

图 7-12 三位五通电磁换向阀

a) 结构原理图 b) 图形符号 c) 实物图

图 7-13 三位四通液动换向阀

a) 结构原理图 b) 图形符号 c) 实物图

（2）换向阀的中位机能　换向阀阀芯处于中间位置时，各油口的连通情况称为换向阀的中位机能（也称滑阀机能）。不同的中位机能可以满足液压系统的不同要求。三位换向阀的主要中位机能及其特点和作用见表 7-1。

表 7-1　三位换向阀的主要中位机能及其特点和作用

中位机能代号	结构原理图	图形符号	特点和作用
O			在中间位置时，油口全部关闭。液压缸锁紧，液压泵不卸荷，并联的其他液压执行元件的运动不受影响。从静止到起动较平稳，但换向冲击大

续表

中位机能代号	结构原理图	图形符号	特点和作用
M			在中间位置时,液压泵卸荷,液压缸锁紧,不能并联其他执行元件。由于液压缸中充满油,故从静止到起动较平稳,但换向冲击大
H			在中间位置时,油口全开,液压泵卸荷,液压缸为浮动式,不能与其他执行元件并联使用。由于液压缸的油液流回油箱,从静止到起动有冲击,但换向较平稳
Y			在中间位置时,泵口关闭,液压缸浮动,液压泵不卸荷。可并联其他执行元件,其运动不受影响。由于液压缸中的油液流回油箱,故从静止到起动有冲击
P			在中间位置时,回油口关闭,泵口和两液压缸口连通,可以形成差动回路。液压泵不卸荷,可并联其他执行元件。从静止到起动较平稳;换向过程中,由于液压缸两腔均通液压油,故换向时最平稳

由表 7-1 可知,三位换向阀的中位机能会影响系统是否保压、系统是否卸荷、换向平稳性和换向精度、液压缸是否处于"浮动"状态等。

疑难诊断

问题 1:对于实践课题 1 中的控制方案 2,若换向阀通电后液压缸不动作,试分析可能的原因。

答:1)液压泵未工作或不供油。

2)电磁换向阀未换向。

3)控制电路接错。

4)液压缸活塞或活塞杆卡住,不能动作。

问题 2:对于实践课题 2,若换向阀不动作,但液压缸在外力作用下仍发生"漂移",试分析可能的原因。

答:1)液压缸存在内泄漏,即存在"窜油"现象。

2)换向阀或液压锁存在故障,密封不良。

总结评价

通过以上的学习，对实践课题的完成情况和相关知识的了解情况作出客观评价，并填写表7-2。

表7-2　方向控制回路的组建与调试任务评价

序号	评价内容	达标要求	自评	组评
1	方向控制阀(单向阀及换向阀)及其图形符号	熟悉常用方向控制阀(单向阀、液控单向阀、液压锁、手动换向阀、机动换向阀、电磁换向阀、液动换向阀等)的工作过程，能够识读其图形符号；能够理解典型的中位机能		
2	换向回路、锁紧回路	能正确分析执行元件的换向过程，能按回路图组建并调节换向回路；能正确分析典型锁紧回路，并熟悉其锁紧特点		
3	简单故障的排除	能对简单故障进行分析与排除		
4	文明实践活动	遵守纪律，按规程活动		
总体评价				
再学习评价记载				

知识拓展

电磁铁简介

电磁铁按所使用电源的不同，可分为交流和直流两种；按其衔铁工作腔是否有油液，又可分为干式和湿式。交流电磁铁的起动力较大，不需要专门的电源，吸合、释放快，动作时间为0.01~0.03s。交流电磁铁的缺点是若电源电压下降15%以上，则电磁铁的吸力明显减小，若衔铁不动作，则干式电磁铁会在10~15min后烧坏线圈（湿式电磁铁为1~1.5h），且冲击及噪声较大、寿命短。因而在实际使用中，交流电磁铁允许的切换频率一般为10次/min，不得超过30次/min。直流电磁铁工作较可靠，吸合、释放动作时间为0.05~0.08s，允许使用的切换频率较高，一般可达120次/min，最高可达300次/min，且冲击小、体积小、寿命长，但需要使用专门的直流电源，成本较高。

课后思考

1. 图7-14所示为由手动转阀（先导阀）控制液动换向阀（主阀）的换向回路。与实践课题1相比，该回路有何应用特点？

2. 若将实践课题1中控制方案1里的手动换向阀换成三位四通电磁阀，则如何实现液压缸的方向控制？

3. 用PLC实现实践课题1控制方案2中液压回路的控制。

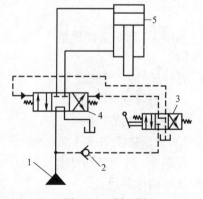

图7-14　题1图

1—液压源　2—单向阀　3—手动阀
4—液动换向阀　5—液压缸

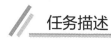

任务2 调压及卸荷回路的组建与调试

任务描述

前面讲过，"工作压力决定负载"。压力的急剧升高也会带来破坏液压元件的危险。因此，任何一个液压系统都应具有限制或调节系统内部压力的控制装置，即压力控制回路。利用压力控制回路，可以实现系统调压、限压、减压和液压泵泄压等。压力控制回路的核心元件是压力控制阀（主要有溢流阀和减压阀）。本任务是组建和调试调压回路及卸荷（泄压）回路。

以本项目任务1中的钻孔加工为例，当钻孔对象的尺寸、材料等发生改变后，所需要的钻削进给力也会发生改变（图7-15），这就需要液压系统具有与此相适应的调压装置。

不仅如此，当完成一个零件的钻孔加工后，需要重新装夹新零件并对其进行加工时，或者加工过程中需要测量零件时，要求执行元件作短时等待。为了避免液压泵驱动电动机的频繁起动，以及液压系统始终处于高压状态，通常的做法是使液压泵卸荷，即让液压泵的出油口与油箱直接相通（图7-16），从而保证其出口压力接近于零，以达到减少功率损耗、降低系统发热量、延长液压泵电动机使用寿命的目的。

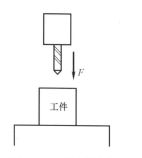

图 7-15　钻削进给力的变化

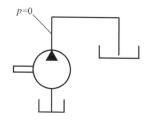

图 7-16　卸荷状态的液压泵

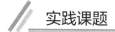

实践课题

实践课题1　钻孔加工调压回路

1. 调压回路图（图7-17）

2. 回路分析

控制方案1是采用直动式溢流阀的调压回路。它一般用于定量泵节流调速的液压系统，由节流阀调节进入执行元件的流量，定量泵的多余油液则从溢流阀溢流回油箱。在工作过程中，溢流阀总是处于溢流状态。液压泵的工作压力取决于溢流阀的调定压力，且基本保持不变。

控制方案2是将远程调压阀的远程控制口与远程调压阀相连，即实现远程调压，调节远程调压阀，控制溢流阀，实现对液压泵出口压力的控制。这里应注意，只有在溢流阀的调整压力高于远程调压阀的调整压力时，远程调压阀才能起到调压作用。

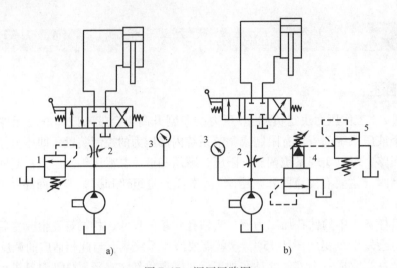

a)   b)

图 7-17   调压回路图

a）控制方案 1   b）控制方案 2

1—直动式溢流阀   2—节流阀   3—压力表   4—先导式溢流阀   5—远程调压阀

3. 实施步骤

1）按照回路图，在实训平台上装接各液压元件。

2）起动液压泵，调节溢流阀调压旋钮，观察压力表，设定液压泵出口压力，如 0.3MPa；对于控制方案 2，可通过调节远程调压阀实现压力的设定。

3）重复步骤 2），可对液压泵设定其他压力值。

4）将节流阀的开口分别调至最大和半开两种状态，扳动换向阀手柄，观察液压缸在运动时和终点停止时压力表的读数，并将其填入表 7-3。

表 7-3   压力表读数

状态	节流阀全开		节流阀半开	
	液压缸运动时	液压缸在终点停止时	液压缸运动时	液压缸在终点停止时
压力值/MPa				
主要结论				

5）在教师的指导下，分析讨论相关问题

6）总结，整理场地。

实践课题 2   钻孔加工卸荷回路

1. 卸荷回路图（图 7-18）

2. 回路分析

控制方案 1 利用 M 型中位机能实现液压泵卸荷。当换向阀处于中间位置时，液压泵中的油液直接与油箱相通，压力表的读数应为零。

控制方案 2 利用二位二通电磁阀实现液压泵卸荷。当二位二通电磁阀通电时，液压泵的出油口直接与油箱相通，液压泵卸荷。

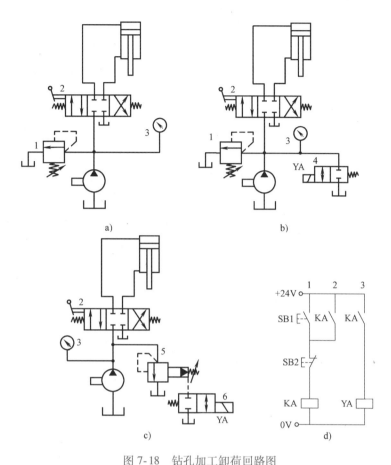

图 7-18 钻孔加工卸荷回路图

a）控制方案 1 b）控制方案 2 c）控制方案 3 d）控制方案 2、3 电气图

1—直动式溢流阀 2—换向阀 3—压力表 4、6—二位二通电磁阀 5—先导式溢流阀

控制方案 3 用先导式溢流阀的远程控制接油箱实现液压泵卸荷。当二位二通电磁阀通电时，溢流阀的远程控制口通油箱，溢流阀主阀全部打开，液压泵输出的油液经溢流阀流回油箱，液压泵卸荷。

3. 实施步骤

1）按回路图的要求选择液压元件，在实训平台上装接各液压元件，并完成相关控制电路连接。

2）将换向阀置于中间位置，也就是不工作状态。

3）起动液压泵，分别让电磁阀 4、6 通电，观察压力表的读数是否为零。

4）讨论，总结，整理场地。

 知识链接

溢 流 阀

溢流阀是液压系统中调压回路的核心元件。其主要作用有两个：一是在系统中起溢流稳

压作用；二是在系统中起安全保护作用。常用的溢流阀按其结构形式和基本动作方式可分为直动式和先导式两种类型。

1. 直动式溢流阀

图 7-19a 所示为直动式溢流阀结构原理图。当进油口 P 的压力较低时，阀芯在弹簧的作用下处于最下端，将 P 口和 T 口断开，阀口处于关闭状态，溢流阀不溢流；当进油口 P 的压力上升到作用在阀芯底面的液压力大于弹簧力时，阀芯上移，阀口打开，油液由 P 口经 T 口溢流回油箱。当通过溢流阀的油液流量改变时，阀口开度也改变，但因阀芯的移动量很小，作用在阀芯上的弹簧力的变化也很小，所以可以认为，当有油液溢流回油箱时，溢流进油口处的压力基本保持为定值。通过旋松或旋紧溢流阀的调节螺母，可以对溢流阀的开启压力进行调节。图 7-19b、c 所示分别为直动式溢流阀的图形符号和实物图。

> **资料卡**
>
> 日常生活中，当向水杯中注水时，只要有水从杯口溢出，就可判定杯底压力不变，即"溢流即稳压"。你能否由此理解溢流阀的溢流稳压功能？

直动式溢流阀是依靠系统中的液压油直接作用在阀芯上的液压力与弹簧力相平衡，以控制溢流压力的。由于弹簧的尺寸与系统的工作压力相对应，当工作压力提高时，弹簧力要增加，弹簧的刚度也要随之增大，而弹簧的尺寸受阀结构的限制，并且当溢流量变化时，溢流压力的波动也将加大。所以，直动式溢流阀只适用于低压系统。

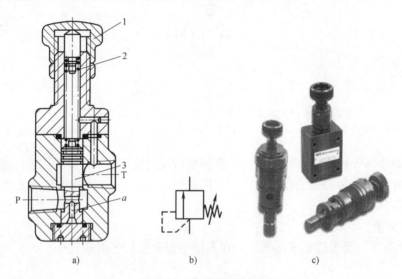

图 7-19　直动式溢流阀
a）结构原理图　b）图形符号　c）实物图
1—调节螺母　2—弹簧　3—阀芯

2. 先导式溢流阀

图 7-20a 所示为先导式溢流阀结构原理图。它由先导阀和主阀两部分组成，通过先导阀的打开和关闭来控制主阀芯的启闭动作。

在 K 口封闭的情况下，液压油由 P 口进入，通过阻尼孔后作用在先导阀阀芯上。当压力不高时，作用在先导阀阀芯上的液压力不足以克服先导阀弹簧的作用力，先导阀关闭，阻尼孔内的油液不流动，主阀阀芯上、下两端液压油的压力相等。这时，主阀阀芯在弹簧的作用下处于最下端，进、出油口被主阀芯切断，P 口与 T 口不能形成通路，溢流阀不溢流。

资料卡

溢流阀的主要技术参数有通径、连接形式、额定流量、调压范围、卸荷压力等。

当进油口 P 的压力升高，使得作用在先导阀上的液压力大于先导阀弹簧力时，先导阀打开，油液就会从 P 口通过阻尼孔经先导阀流向 T 口。由于阻尼孔的存在，油液会产生一定的压力损失，使主阀阀芯的下部压力大于上部压力，即形成压力差。主阀阀芯在压力差的作用下克服弹簧力而向上运动，油液从 P 口向 T 口流动，溢流阀开始溢流。当主阀阀芯上的全部作用力处于平衡状态时，主阀开口保持一定开度，P 口压力也保持一定值。调节先导阀弹簧的预紧力，即可调节溢流阀的溢流压力。由于先导阀的阀芯面积很小，故先导阀弹簧的刚度不必很大就可以获得较高的溢流阀溢流压力。一般中高压、大流量溢流阀均采用先导式溢流阀。

先导式溢流阀中有一个与主阀阀芯上腔相通的远程控制口 K，当它与另一远程调压阀相连时，就可以通过远程调压阀调节溢流阀主阀上端的压力，实现溢流阀的远程调压。当其通过二位二通换向阀接油箱时，就能使溢流阀进油口处的压力降至零或接近于零，实现系统卸荷。图 7-20b、c 所示分别为先导式溢流阀的图形符号和实物图。

疑难诊断

问题 1：对于实践课题 1 中的控制方案 2，调节远控阀时，压力表显示无压力或压力不变化，试分析原因并说明解决措施。

答：1）主阀阀芯阻尼孔被堵；清洗或更换油液。

2）主阀阀芯在开启位置时卡死；检修，重新装配。

3）主阀阀芯复位弹簧折断或弯曲，使主阀阀芯不能复位；更换弹簧。

4）先导阀弹簧折断或未安装，锥阀未安装或损坏；补装或更换弹簧或锥阀。

5）进、出油口接反；纠正进、出油口。

6）阀芯和阀座间的密封性较差；检修或更换。

问题 2：对于实践课题 1 中的控制方案 2，调节远程控制阀时，压力波动不稳定，试分析原因并说明解决措施。

答：1）主阀阀芯动作不灵活；检查并调整。

2）主阀阀芯阻尼孔堵塞；清洗或更换油液。

3）阀芯与阀座接触不良；检修或更换。

4）先导阀调压弹簧变形；更换弹簧。

5）调节螺钉的紧固螺母松动；检查并调整。

问题 3：对于实践课题 2，液压泵不能卸荷，试分析原因并说明解决措施。

答：1）对于方案 1，阀芯被卡住；检查并调整。

2）对于方案 2，电磁阀未换向或被卡住；检查并调整。

3）对于方案 3，电磁阀未换向或被卡住，或者溢流阀阀芯被卡住等；检查调整或更换。

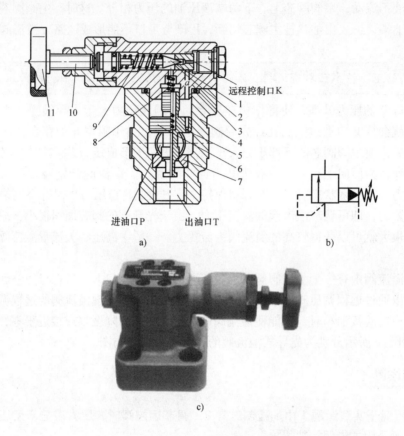

图 7-20　先导式溢流阀

a）结构原理图（管式）　b）图形符号　c）实物图（板式）

1—先导阀阀芯　2—先导阀阀座　3—阀盖　4—阀体　5—阻尼孔　6—主阀阀芯

7—主阀阀座　8—主阀弹簧　9—先导阀调压弹簧　10—调节螺钉　11—手轮

总结评价

通过以上的学习，对实践课题的完成情况和相关知识的了解情况作出客观评价，并填写表 7-4。

表 7-4　调压及卸荷回路的组建与调试任务评价

序号	评价内容	达标要求	自评	组评
1	溢流阀	熟悉直动式溢流阀和先导式溢流阀的工作原理、图形符号及性能特点等		
2	调压回路	熟悉常见调压回路,能识读、组建和调试调压回路		
3	卸荷回路	熟悉常见卸荷回路,能识读、组建和调试卸荷回路		

续表

序号	评价内容	达标要求	自评	组评
4	简单故障的排除	能诊断调压回路和卸荷回路中出现的常见故障,并予以排除		
5	文明实践活动	遵守纪律,按规程活动		
总体评价				
再学习评价记载				

知识拓展

1. 溢流阀的压力-流量特性

压力-流量特性又称为溢流特性,它表示溢流阀在某一调定压力下工作时,其流量的变化与阀进口实际压力之间的关系。图 7-21 所示为直动式和先导式溢流阀的压力-流量特性曲线。图中,横坐标为溢流量 q,纵坐标为阀进油口压力 p。溢流量为额定值 q_n 时所对应的压力 p_n 称为溢流阀的调定压力。溢流阀刚开启时(溢流量为额定溢流量的 1%),阀进口的压力 p_0 称为开启压力。调定压力 p_n 与开启压力 p_0 的差值称为调压偏差,即溢流量变化时溢流阀工作压力的变化范围。调压偏差越小,其性能越好。由图可见,先导式溢流阀的压力-流量特性曲线比较平缓,调压偏差小,故其性能比直动式溢流阀好。因此,先导式溢流阀宜用于要求系统溢流稳压的场合,直动式溢流阀则宜用作安全阀。

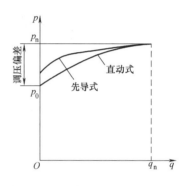

图 7-21 溢流阀压力-流量特性曲线

2. 比例溢流阀

图 7-22a 所示为电液比例溢流阀的结构原理图,其下部与常规溢流阀的主阀相似,上部则为比例先导压力阀。图中,比例电磁铁衔铁上的电磁力通过顶杆 6 直接作用于先导锥阀 2,从而使先导锥阀 2 的开启压力与线圈 7 中的电流成比例。改变线圈中的电流,可在衔铁上获得与其成比例的吸力。因此,用一个比例先导压力阀可以代替若干个先导压力阀和换向阀来实现多级压力控制或连续压力控制,也简化了液压系统。图 7-22b 所示为比例溢流阀图形符号。

课后思考

1. 图 7-23 中的溢流阀在回路中起什么作用?

2. 设图 7-24 所示回路中各阀的调整压力为 $p_3 > p_1 > p_2$,该回路能实现哪几级压力?

3. 在图 7-25 所示的液压传动系统中,要使溢流阀阀心打开,使油液从 P 口通过 T 口流回油箱的压力为 $23.52 \times 10^5 Pa$,液压泵的输出流量为 4.17×10^{-4} m³/s(25L/min),活塞面积 $A = 5 \times 10^{-3}$ m²。若不计流量损失,试计算下列四种情况下,系统的压力及活塞的运动速度各为多少:(1)负载 $F = 9800N$;(2)负载 $F = 14700N$;(3)负载 $F = 0$;(4)负载 $F = 11760N$。(假定经溢流阀流回油箱的流量 $q_溢 = 5L/min$)

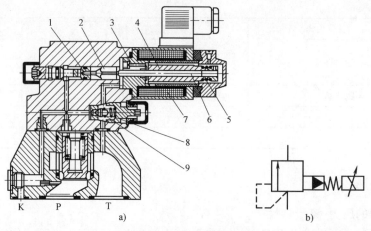

图 7-22　电液比例溢流阀

a）结构原理图　b）图形符号

1—阀座　2—先导锥阀　3—极靴　4—衔铁　5、8—弹簧　6—顶杆　7—线圈　9—先导阀

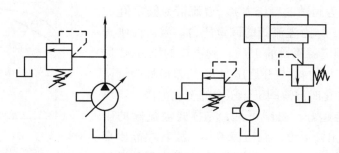

图 7-23　题 1 图

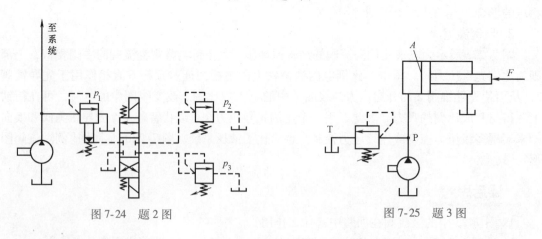

图 7-24　题 2 图　　　　　　　图 7-25　题 3 图

任务 3　　减压回路的组建与调试

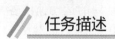 任务描述

　　在一个液压系统中，一只液压泵有时需要向几个执行元件供油，而各执行元件所需的工

作压力不尽相同。当执行元件所需的工作压力低于液压泵的供油压力时，可在该分支油路中串联一个减压阀，所需压力由减压阀来调节。例如，夹紧系统、润滑系统及控制系统等往往不需要太高压力的液压油，一般需要设置减压回路，以维持该系统压力的稳定性。减压回路的核心液压元件是减压阀。

本任务仍以本项目任务1中的钻孔加工为例。为了固定工件，除了用于钻头进给的进给液压缸以外，系统还设置了一只夹紧液压缸。夹紧液压缸所需液压油的压力低于进给缸的进给压力，为此需要组建一个减压回路，用于控制工件的夹紧，如图7-26所示。

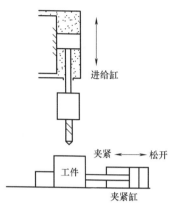

图 7-26　工件的夹紧

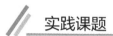 实践课题

工件夹紧的控制

1. 控制回路图及控制电路图（图7-27）

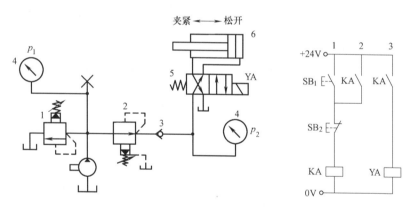

图 7-27　工件夹紧控制回路图及控制电路图

1—先导式溢流阀　2—先导式减压阀　3—单向阀　4—压力表　5—二位四通电磁阀　6—夹紧液压缸

2. 回路分析

当二位四通电磁阀5未通电时，液压泵输出的油液经减压阀2、单向阀3到达夹紧液压缸的无杆腔，夹紧液压缸左行。夹紧液压缸左行至完全夹紧工件时，停止运动。这时油液压力升至减压阀调定压力，使夹紧力保持恒定。当主油路压力低于减压阀调定压力时，回路中的单向阀3用以防止油液倒流，起短时保压作用。

3. 实施步骤

1）利用 FluidSIM-H 液压仿真软件进行运动仿真。

2）在教师的帮助下，按回路图选择合适的减压阀、单向阀、换向阀、液压缸等液压元件。

3）在实训平台上固定液压元件。

4）按回路图及控制电路图进行管路连接和电路连接，并检查连接是否正确。

5）起动液压泵，设置溢流阀和减压阀的稳压值，注意溢流阀的稳压值应大于减压阀的稳压值。

6）电磁铁通电、断电，观察夹紧液压缸在运行时和运行到终点时压力表的读数，即溢流阀进口压力和减压阀出口压力，并将其填入表7-5。

表7-5　压力表读数

电磁铁	夹紧液压缸运行时		夹紧液压缸运行至终点后	
	YA 失电	YA 得电	YA 失电	YA 得电
压力表1读数				
压力表2读数				
主要结论				

7）在教师的指导下，分析讨论相关问题。

8）总结，整理场地。

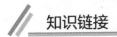

知识链接

减 压 阀

减压阀是使出口压力（二次压力）低于进口压力（一次压力）的一种压力控制阀。根据减压阀所控制的压力不同，可将其分为定值减压阀、定差减压阀和定比减压阀，其中以定值减压阀应用最广。同溢流阀一样，减压阀也有直动式减压阀和先导式减压阀之分。

图7-28a所示为先导式减压阀的结构示意图。其先导阀与溢流阀的先导阀相似，但弹簧腔的泄漏油单独引回油箱。主阀部分与溢流阀的主阀有明显区别：主阀阀芯在弹簧的作用下位于下端，阀口打开，即减压阀在常态时进、出油口完全相通。

资料卡

减压阀的主要技术参数有通径、连接形式、额定流量、进口压力、减压范围等。

当负载小，减压阀出口 P_2 压力低于先导阀调压弹簧的调定压力时，先导阀关闭，主阀阀芯上阻尼孔9中的油液不流动，主阀阀芯上、下端的液压力相等，主阀阀芯在弹簧的作用下仍位于下端，减压阀口打开，不起减压作用；当负载增大，减压阀的出口 P_2 压力超过先导阀调压弹簧的调定压力时，先导阀打开，主阀阀芯的阻尼孔9中有油液通过，并在主阀阀芯上、下端形成压力差，主阀阀芯在压力差的作用下克服弹簧10的弹力向上运动，减压阀口减小，减压阀起减压作用。此时，由于减压阀开口能在出口压力波动时自动调节，因此减压阀的出口压力可以维持稳定不变。图7-28b、c所示分别为先导式减压阀的图形符号和实物图。

先导式减压阀和先导式溢流阀的区别如下：

1）减压阀保持出口压力基本不变，而溢流阀则保持进口压力基本不变。

2）在不工作时，减压阀进、出油口互通，而溢流阀进、出油口不通。

3）为保证减压阀出口压力调定值恒定，它的先导阀弹簧腔需要通过泄油口 L 单独外接油箱；而溢流阀的出油口是通油箱的，所以其先导阀的弹簧腔和泄漏油可通过阀体上的通道和出油口相通，不必单独外接油箱。

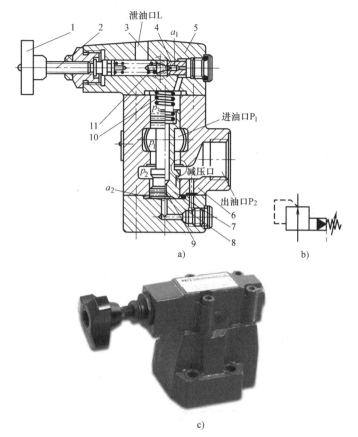

图 7-28 先导式减压阀

a）结构原理图（板式） b）图形符号 c）实物图（板式）

1—调节手轮 2—调节螺钉 3—先导阀阀芯 4—阀座 5—先导阀阀体 6—主阀阀体 7—主阀阀芯

8—端盖 9—阻尼孔 10—主阀弹簧 11—先导阀调压弹簧

疑难诊断

问题 1：起动液压泵后，减压阀出口无压力或不起减压作用，试分析原因并说明解决措施。

答：1）主阀在全封闭位置卡死；检修或更换。

2）未向减压阀供油；检查并排除。

3）泄漏口不通；检查并清洗。

4）调压弹簧弯曲、卡住；检查并更换弹簧。

问题 2：起动液压泵后，减压阀出口压力不稳定，试分析原因并说明解决措施。

答：1）主阀阀芯与阀体的几何精度降低，工作不灵敏；检修。

2）主阀阀芯弹簧变形或卡住，使阀芯移动困难；检查并更换弹簧。

3）阻尼孔阻塞；检查并清洗。

4）先导阀弹簧变形或先导阀阀芯与阀座接触不良；检修或更换。

5）吸入空气；检查并排气。

总结评价

通过以上的学习，对实践课题的完成情况和相关知识的了解情况作出客观评价，并填写表 7-6。

表 7-6　减压回路的组建与调试任务评价

序号	评价内容	达标要求	自评	组评
1	减压阀	熟悉直动式减压阀和先导式减压阀的工作原理、图形符号及性能特点等		
2	减压回路	熟悉减压回路的应用特点，能识读、组建、调试减压回路		
3	简单故障的排除	能诊断减压回路中出现的常见故障，并予以排除		
4	文明实践活动	遵守纪律，按规程活动		
总体评价				
再学习评价记载				

知识拓展

增压缸与增压回路简介

与减压回路相对的是增压回路。在某些短时或局部需要高压的液压系统中，常将增压缸与低压、大流量泵配合使用。增压缸的增压原理如图 7-29a 所示，其作用是输入低压力（p_1）的液压油，输出高压力（p_2）的液压油，增大压力关系式为

$$p_2 = \frac{D^2}{d^2} p_1 \tag{7-1}$$

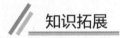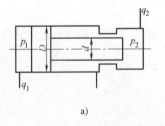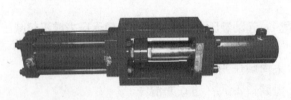

图 7-29　增压缸
a）增压原理　b）实物图

图 7-30 所示为利用增压缸 2 增压的单作用增压回路。当系统在图示位置工作时，供油压力 p_1 进入增压缸的大活塞腔，此时，在小活塞腔即可得到所需的较高压力 p_2；当二位四通电磁换向阀右位接入系统时，增压缸返回，辅助油箱中的油液经单向阀补入小活塞腔。该回路只能间歇增压，所以被称为单作用增压回路。

课后思考

1. 对于夹紧回路，一般系统采用失电夹紧，即当电磁铁失电时，夹紧液压缸处于夹紧状态，这是为什么？

2. 对于实践课题，若去掉回路中的单向阀，会出现什么后果？

3. 图 7-31 所示为减压阀用于控制油路的一个实例。减压阀 1 将主油路的部分油液减压后供给液动换向阀的控制油路，这样可避免主油路压力变化对控制油路压力的影响。试说明其工作原理。

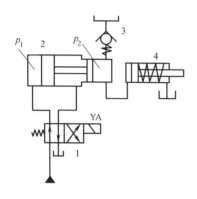

图 7-30 增压回路

1—电磁阀 2—增压缸 3—补油装置
4—单作用液压缸

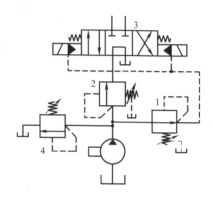

图 7-31 减压阀用于控制油路

1—减压阀 2—顺序阀
3—换向阀 4—溢流阀

任务 4 节流调速控制回路的组建与调试

任务描述

由于空气具有可压缩性，在气压传动中，若要获得稳定的运动速度是比较困难的，因此，速度控制不是气压传动系统的核心。与气压传动不同的是，由于液压油几乎不可压缩，这为获得稳定速度创造了条件，因而对执行元件的速度控制是液压传动系统的关键。采用哪种速度控制方式，是设计液压系统时首先要考虑的因素。

如何调节执行元件的运动速度？在不考虑泄漏的情况下，液压缸的运动速度等于流入液压缸的油液流量与液压缸有效面积之比，即 $v=q/A$；液压马达的转速等于流入马达的油液流量与马达排量之比，即 $n=q/v$。因此，控制液压缸运动速度 v 或液压马达转速 n 的主要方法是控制流量或排量。基于此，液压系统的调速方式主要有节流调速、容积调速和容积节流调速。

本任务仍以本项目任务 1 中的钻孔加工为例，采用节流调速，实现钻削加工进给运动。

气动与液压技术

实践课题

钻削加工进给运动节流调速控制

1. 节流调速回路图（图7-32）

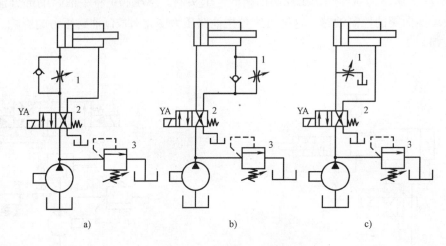

图 7-32　节流调速回路图

a）控制方案1（进油路节流调速）　b）控制方案2（回油路节流调速）　c）控制方案3（旁油路节流调速）

1—溢流阀　2—电磁阀　3—节流阀

2. 回路分析

控制方案1采用的是进油路节流调速。该回路中的节流阀安装在液压泵和液压缸之间，用节流阀来控制进入液压缸的油液流量，以达到调节液压缸运动速度的目的。节流阀开口越大，液压缸的运动速度越快。

控制方案2采用的是回油路节流调速。该回路中的节流阀安装在液压缸和油箱之间，用节流阀来控制流出液压缸的油液流量，以达到调节液压缸运动速度的目的。节流阀开口越大，液压缸的运动速度越快。

控制方案3采用的是旁油路节流调速。该回路中的节流阀安装在液压泵和油箱之间，节流阀直接调节液压泵溢流回油箱的油液流量，从而实现调速作用。节流阀开口越大，液压缸的运动速度越慢。

3. 实施步骤

1）利用 FluidSIM-H 液压仿真软件进行运动仿真。

2）在教师的帮助下，按回路图选择合适的液压缸、节流阀等液压元件。

3）分别按控制方案1、2、3的回路进行管路连接，并检查连接是否正确。

4）起动液压泵，在教师的帮助下设置溢流阀的调定压力。

5）调节节流阀开口大小，由最大到关闭，观察其间液压缸往复运动速度的变化情况。

6）给液压缸增加一个负载，重复步骤5，将液压缸运动速度的变化情况填入表7-7。

表 7-7 液压缸运动速度的变化情况

液压缸		液压缸前进时		液压缸返回时	
		节流口减小	节流口增大	节流口减小	节流口增大
控制方案 1	无负载				
	有负载				
控制方案 2	无负载				
	有负载				
控制方案 3	无负载				
	有负载				
主要结论					

注：填"不变""增大"或"减小"。

7）在教师的指导下，分析归纳回路特点、功能等。

8）总结，整理场地。

知识链接

1. 流量控制阀

（1）流量控制阀的节流口形式　流量控制阀是依靠改变节流口通流面积的大小或通流通道的长短来控制流量的液压阀。根据液体流经节流小孔的流量通式 $q = KA\Delta p^{m}$ 可知，影响流量 q 的因素，不仅有通流面积 A，还包括节流口两端的压力差 Δp、孔口形状系数 m 及流经孔口油液的黏度等。

从液压传动系统对流量控制阀的要求来看，最理想的节流口，其通过的流量只与通流面积 A 有关，而与其他因素无关。但从制造工艺等因素来看，实际节流口往往达不到理想节流口的要求。表 7-8 所列为几种常用节流口的形式及其性能和应用。

（2）节流阀　图 7-33a 所示为一种普通节流阀的结构原理图。这种节流阀的节流通道呈轴向三角槽式。液压油从进油口 P_1 流入孔道 a 和阀芯 1 左端的三角槽，进入孔道 b，再从出油口 P_2 流出。扳动调节手柄 3，可通过推杆 2 使阀芯作轴向移动，以改变节流口的通流面积来调节流量。阀芯在弹簧 4 的作用下始终贴紧在推杆上，这种节流阀的进、出油口可互换。图 7-33b、c 所示分别为普通节流阀的图形符号和实物图。

资料卡

水龙头与节流阀类似。

表 7-8 几种常用节流口的形式及其性能和应用

序号	节流口形式	结构示意图	性能和应用
1	针阀式		通道长，易堵塞，流量受油温影响较大。一般用于对调速性能要求不高的场合

续表

序号	节流口形式	结构示意图	性能和应用
2	偏心槽式	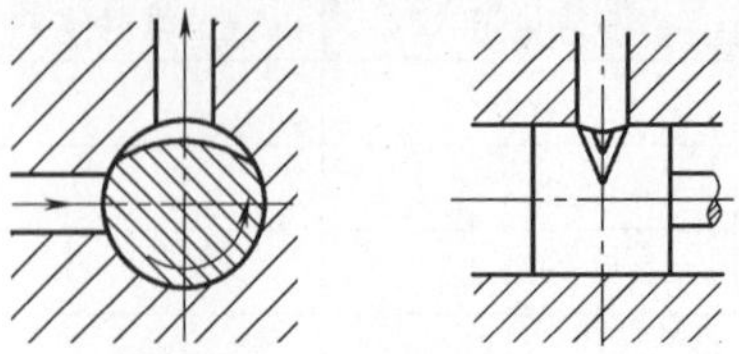	性能与针阀式节流口相同，但容易制造，其缺点是阀芯上的径向力不平衡，旋转阀芯时较费力。一般用于压力较低、流量较大和对流量稳定性要求不高的场合
3	轴向三角槽式	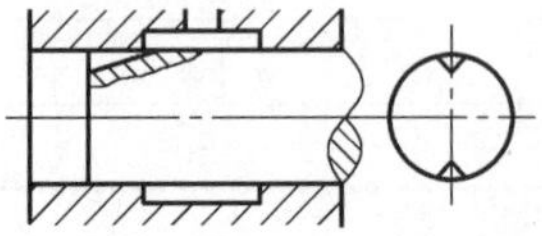	结构简单，水力直径中等，可得到较小的稳定流量，且调节范围较大，但节流通道有一定的长度，油温变化对流量有一定的影响。目前被广泛应用
4	周向缝隙式	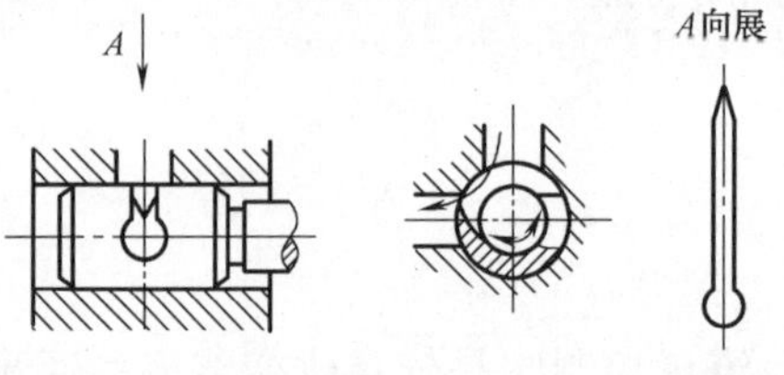	阀口做成薄刃形，通道短，水力直径大，不易堵塞，油温变化对流量影响小，因此其性能接近于薄壁小孔。适用于低压、小流量的场合
5	轴向缝隙式	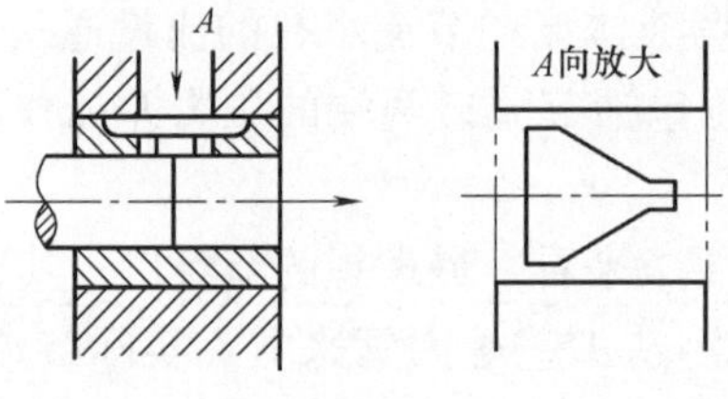	在阀孔的衬套上加工出图示的薄壁阀口，阀芯作轴向移动即可改变开口大小，其性能与周向缝隙式节流口相似

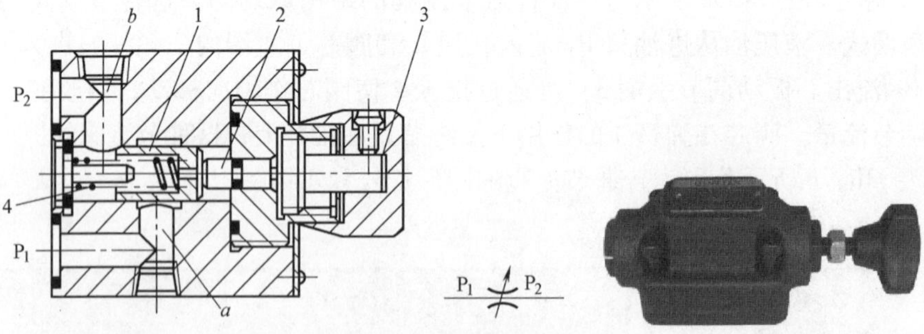

a) b) c)

图 7-33 普通节流阀

a）结构原理图 b）图形符号 c）实物图

1—阀芯 2—推杆 3—调节手柄 4—弹簧

（3）调速阀 普通节流阀的刚性差，在节流开口一定的条件下，通过它的工作流量受工作负载（即出口压力）变化的影响，不能保持执行元件运动速度的稳定。因此，普遍节流阀只适用于工作负载变化不大和对速度稳定性要求不高的场合。由于工作负载的变化很难避免，为了改善调速系统的性能，通常采用调速阀，它能使节流阀前后的压力差在负载变化时始终保持不变。

资料卡

流量阀的主要技术参数有通径、连接形式、工作压力、流量调节范围、最小稳定流量等。

图 7-34a 所示为调速阀工作原理图，它是由节流阀和定差减压阀串联而成的。液压泵的出口（即调速阀的进口）压力 p_1 在溢流阀的调整下基本保持不变，而调速阀的出口压力 p_3 则由液压缸负载 F 决定。油液先经定差减压阀产生一次压力降，将压力降到 p_2，p_2 经通道 e、f 作用到定差减压阀的 d 腔和 c 腔；节流阀的出口压力 p_3 又经反馈通道 a 作用到定差减压阀的上腔 b。当定差减压阀的阀芯在弹簧力 F_s、油液压力 p_2 和 p_3 的作用下处于某一平衡位置时（忽略摩擦力和液动力等），有

$$p_2 A_1 + p_2 A_2 = p_3 A + F_s$$

式中　A、A_1、A_2——b 腔、c 腔和 d 腔内液压油作用于阀芯的有效面积，且 $A = A_1 + A_2$。

故
$$p_2 - p_3 = \Delta p = \frac{F_s}{A} \tag{7-2}$$

因为弹簧的刚度较低，且工作过程中定差减压阀阀芯的位移很小，可以认为 F_s 基本保持不变。故节流阀两端的压力差 $p_2 - p_3$ 也基本保持不变，这就保证了通过节流阀的流量的稳定性。图 7-34b、c、d、e 所示分别为调速阀的详细图形符号、简易图形符号、流量特性曲线及实物图。

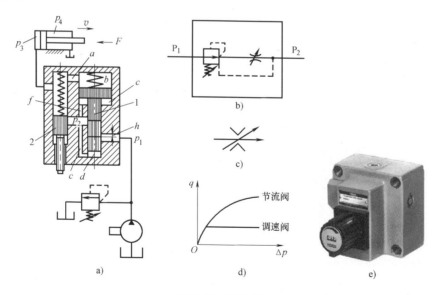

图 7-34　调速阀

a）工作原理图　b）详细图形符号　c）简易图形符号　d）流量特性曲线　e）实物图

1—节流阀　2—定差减压阀

2. 节流调速回路

在液压传动系统中，节流调速回路有三种形式，即进油路节流调速回路、回油路节流调

速回路和旁油路节流调速回路。

（1）进油路节流调速回路　如图 7-35a 所示，进油路节流调速回路中，节流阀安装在液压泵和液压缸之间。用节流阀来控制进入液压缸的油液流量，以达到调节液压缸运动速度的目的。定量泵输出的多余油液通过溢流阀流回油箱。由于溢流阀有溢流作用，因此泵的出口压力就是溢流阀的调整压力，并基本保持不变。在这种回路中，活塞的运动速度取决于进入液压缸的油液流量 q_1 和液压缸的有效面积 A_1，即

$$v=\frac{q_1}{A_1} \qquad (7-3)$$

进入液压缸的流量 q_1 就等于通过节流阀的油液流量。

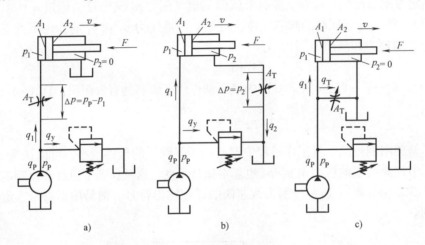

图 7-35　节流调速回路

a）进油路节流调速回路　b）回油路节流调速回路　c）旁油路节流调速回路

（2）回油路节流调速回路　如图 7-35b 所示，在回油路节流调速回路中，节流阀安装在液压缸的回油路上。用节流阀控制液压缸的排量 q_2，也就控制了进入液压缸的油液流量 q_1，这是因为它们之间存在固定的比例关系，即

$$\frac{q_1}{A_1}=\frac{q_2}{A_2} \qquad (7-4)$$

定量泵的多余油液经溢流阀流回油箱。液压缸的运动速度为

$$v=\frac{q_1}{A_1}=\frac{q_2}{A_2} \qquad (7-5)$$

液压缸排出的流量 q_2 就等于通过节流阀的流量。

（3）旁油路节流调速回路　如图 7-35c 所示，在旁油路节流调速回路中，节流阀安装在液压缸并联支路上。定量泵输出流量 q_P 中，一部分流量 q_T 通过节流阀流回油箱，另一部分流量 q_1（$q_1=q_P-q_T$）进入液压缸进油腔，使活塞得到一定的运动速度。只要调节节流阀流量 q_T，就能调节进入液压缸的流量 q_1，也就调节了活塞的运动速度。通过节流阀回油箱的流量多，进入液压缸的流量就少，活塞的运动速度就慢；反之，活塞的运动速度就快。活塞的运动速度为

$$v = \frac{q_1}{A_1} = \frac{q_P - q_T}{A_1} \tag{7-6}$$

在旁油路节流调速回路中，溢流阀起安全阀的作用，节流阀直接调节了液压泵溢流回油箱的油液流量，从而实现调速作用。

上述三种节流调速回路的特性比较见表 7-9。

表 7-9　三种节流调速回路的特性比较

特性种类	调速方法		
	进油路节流调速	回油路节流调速	旁油路节流调速
速度负载特性（液压缸运动速度与承受负载关系特性）	速度负载特性较"软"	同进油路	比进油路、回油路更"软"
运动平稳性	平稳性较差	平稳性较好	平稳性较差
功率损耗	功率消耗与负载、速度无关。低速、轻载时效率低,发热大	同进油路	功率消耗较进油路、回油路小,效率较高
承受负值负载能力	不能承受负值负载	能承受负值负载	不能承受负值负载
发热及泄漏的影响	发热油进入液压缸,影响液压缸泄漏情况,从而影响活塞的运动速度;但泵的泄漏对性能无影响	发热油回油箱冷却,对液压缸泄漏的影响较小;泵的泄漏对性能无影响	液压泵的泄漏影响液压缸的运动速度
停机后的起动冲击	冲击小	有冲击	有冲击

在液压系统中，采用节流阀调速，不论是采用进油路节流、回油路节流还是旁油路节流，执行元件的运动速度都会随负载的变化而变化，不能保持执行元件运动速度的稳定性，速度负载特性较"软"。因此，节流阀调速只适用于工作负载变化不大和对速度稳定性要求不高的场合。

为了克服上述缺点，使执行元件能获得稳定的运动速度，而且不产生"爬行"，应采用调速阀调速。调速阀和节流阀一样，也可以构成进油路、回油路和旁油路三种节流调速回路。采用调速阀节流调速回路时，其在性能上的改进是以加大整个流量控制阀的工作压差为代价的，调速阀的工作压差一般最小为 0.5MPa，高压调速阀则需达到 1MPa。这种调速回路适用于执行元件负载变化大，而对运动速度稳定性要求较高的场合。

疑难诊断

问题 1：调节节流阀手柄，液压缸速度不变化，试分析原因并说明解决措施。

答：1）液压泵未供油；检查并排除。

2）节流口堵塞；检查、清洗或更换油液。

3）手轮故障；检查、调整或重新装配。

4）阀芯卡死；检修或更换零件。

问题2：液压缸速度不稳定，试分析原因并说明解决措施。

答：1）节流口处有污物，使其时堵时通；检查、清洗或更换油液。

2）液压缸承受的负载有变化；改用调速阀。

3）阀存在内泄漏，造成流量不稳定；检查、排除故障或更换元件。

4）油液品质变化；更换油液。

 总结评价

通过以上的学习，对实践课题的完成情况和相关知识的了解情况作出客观评价，并填写表7-10。

表7-10　节流调速控制回路的组建与调试任务评价

序号	评价内容	达标要求	自评	组评
1	节流阀、调速阀	熟悉节流阀、调速阀的工作原理、图形符号及性能特点等		
2	节流调速回路	熟悉分别由节流阀和调速阀组成的进油节流、回油节流和旁油节流调速的应用特点，能识读、组建和调试节流调速回路		
3	两种进给速度的调节	熟悉并联和串联调速阀组成的两种节流调速回路及其应用场合，能判断回路中两调速阀所控制的速度		
4	简单故障的排除	能诊断调速回路中出现的常见故障，并予以排除		
5	文明实践活动	遵守纪律，按规程活动		
总体评价				
再学习评价记载				

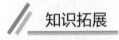 知识拓展

其他调速回路简介

1. 容积调速回路

节流调速回路因存在溢流损失和节流损失，其主要缺点是效率低、发热大，故只适用于小功率液压系统。采用变量泵或变量马达的容积调速回路，因无溢流损失和节流损失，故效率高、发热小。

根据液压泵和液压马达（或液压缸）组合方式的不同，容积调速回路有三种形式：变量泵和定量马达（或液压缸）组成的容积调速回路、定量泵和变量马达组成的容积调速回路，以及变量泵和变量马达组成的容积调速回路，分别如图7-36a、b、c所示。容积调速回路的调速原理是通过改变变量泵或变量马达的排量来调节液压马达或液压缸的转速或运动速度。

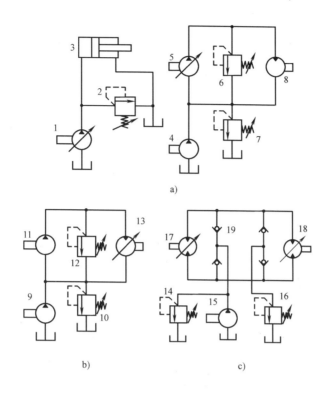

图 7-36　容积调速回路

a）变量泵和定量马达（或液压缸）组成的容积调速回路　b）定量泵和变量马达组
成的容积调速回路　c）变量泵和变量马达组成的容积调速回路

1、5—变量泵　2、6、12、16—安全阀　3—液压缸　4、9、15—补油泵　7、10、14—溢流阀　8—定量液压马达
11—定量泵　13—变量液压马达　17—双向液压泵　18—双向液压马达　19—单向阀

2. 容积节流调速回路

容积调速回路虽然具有效率高、发热小的优点，但随负载的增加，其容积效率将有所下降，于是使速度发生变化，尤其是在低速时速度稳定性更差。因此，为了减少发热并满足速度稳定性要求，常采用容积节流调速回路，即用流量阀控制进入或流出液压缸的油液流量，调节液压缸的运动速度，并使变量泵的输出流量自动地与液压缸所需流量相适应。这种调速回路没有溢流损失，效率高、速度稳定性好，常用在调速范围大的中、小功率场合。图7-37所示为由限压式变量泵和调速阀组成的容积调速回路。

课后思考

1. 若将实践课题中的节流阀改为调速阀，与原回路相比，其具有哪些特点？

2. 如图 7-38 所示，液压缸无杆腔的有效面积 $A_1 = 100\text{cm}^2$，有杆腔的有效面积 $A_2 = 50\text{cm}^2$，液压泵的额定流量为 10L/min。试确定：

1）若节流阀开口允许通过的流量为 6L/min，则活塞向左、向右移动的速度 v_1、v_2 分别为多少？

2）若将此调速阀串接在回油路上（其开口不变），则 v_1、v_2 分别为多少？

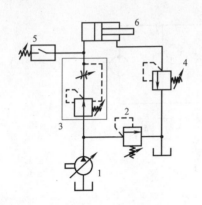

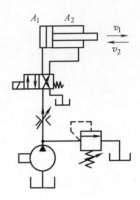

图 7-37　由限压式变量泵和调速阀组成的容积调速回路

1—液压泵　2—溢流阀　3—调速阀　4—背压阀

5—压力继电器　6—液压缸

图 7-38　题 2 图

任务 5　差动快动回路的组建与调试

任务描述

为了提高生产率，减少辅助动作时间，机床工作部件常常要求实现空行程（或空载）的快速运动。

如何实现空行程的快速运动？根据液压缸速度的计算公式 $v = q/A$，要提高速度 v，最主要的方法是提高流入液压缸的油液流量 q。从现有液压系统看，提高流入液压缸的油液流量 q 的主要方法如下：

1）增大液压泵的供油量。

2）在系统中设置蓄能器，在快速运动时释放液压油。

3）采用差动快动。

本任务仍以本项目任务 1 中的钻孔加工为例，采用差动连接，实现钻头在钻削前的快速运动。

实践课题

钻孔加工差动快动控制

1. 液压回路图及控制电路图（图 7-39 和图 7-40）

2. 回路（结构）分析

（1）控制方案 1　当 1YA 得电，2YA、3YA 失电时，换向阀 1 处于左位，换向阀 3 处于常态位置，液压泵输出的液压油进入液压缸 4 的无杆腔，液压缸有杆腔的液压油也流入无杆腔，实现了差动连接，使活塞快速向右运动（简称差动快进）；当 3YA 得电时，有杆腔中的液压油经单向节流阀 2 中的节流阀回油箱，实现了工作进给（简称工进）；当 1YA 失电，2YA、3YA 得电时，液压缸快速退回（简称快退）。

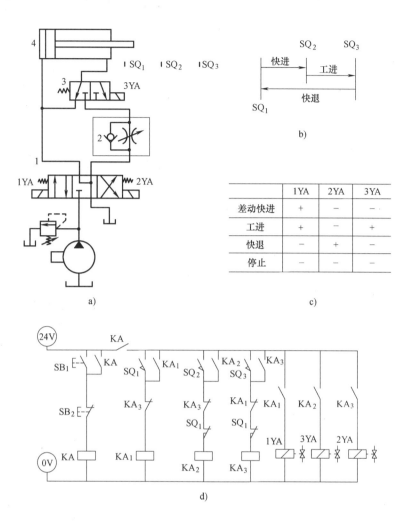

图 7-39　钻孔加工差动快动控制方案 1

a）液压回路图　b）工况图　c）电磁铁动作顺序表　d）控制电路图

1—三位四通电磁换向阀　2—节流阀　3—二位三通电磁换向阀　4—液压缸

从动作转换看，按下起动按钮 SB_1，1YA 得电，液压缸快进；快进结束后，压下行程开关 SQ_2，通知 3YA 得电，液压缸转入工进；工进结束后，压下行程开关 SQ_3，1YA、3YA 失电，2YA 得电，液压缸转入快退；快退结束后，压下行程开关 SQ_1，2YA 失电，一个工作循环结束。

（2）控制方案 2　与控制方案 1 相比，控制方案仅将二位三通电磁阀换成了二位三通行程阀，并取代了行程开关 SQ_2。当液压缸上的挡块压下行程阀时，便可实现差动快进向工进的转换。

3. 实施步骤

1）利用 FluidSIM-H 液压仿真软件进行运动仿真。

2）在教师的帮助下，按液压回路图和控制电路图选择合适的液压元件和电气元件。

3）在实训平台上固定液压元件。

气动与液压技术

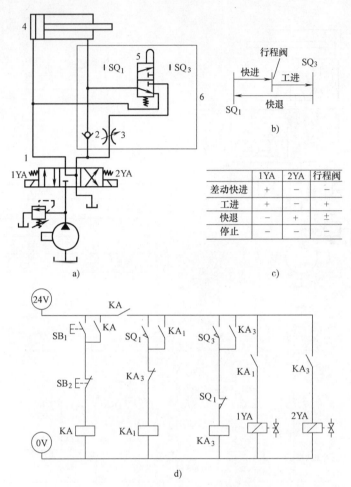

图 7-40　钻孔加工差动快动控制方案 2

a）液压回路图　b）工况图　c）电磁铁动作顺序表　d）控制电路图

1—三位四通电磁换向阀　2—单向阀　3—节流阀　4—液压缸　5—二位三通行程阀　6—单向行程节流阀

	1YA	2YA	行程阀
差动快进	+	−	−
工进	+	−	+
快退	−	+	±
停止	−	−	−

4）按液压回路图连接液压元件，按电气控制图连接控制电路，并检查连接是否正确。

5）起动液压泵，在教师的帮助下，设置压力阀的压力值和单向节流阀的开口大小。

6）按下起动按钮，观察并比较液压缸运动速度的变化，以及不同运动速度的转换情况。

7）在教师引导下进行讨论和总结，最后进行场地整理。

知识链接

1. 差动连接与差动快动

如图 7-41a 所示，单杆活塞缸在其左、右两腔都接通液压油时称为差动连接。差动连接时，液压缸左、右腔的油液压力相等，但是由于左腔（无杆腔）的有效面积大于右腔（有杆腔）的有效面积，故活塞向右运动，同时使右腔中排出的油液（流量为 q'）也进入左腔，加大了流入左腔的流量（$q+q'$），从而加快了活塞移动的速度。差动连接时，活塞推力 F_3 和运动速度 v_3 的计算公式为

170

$$F_3 = p(A_1 - A_2) = \frac{\pi d^2}{4} p \tag{7-7}$$

$$v_3 = \frac{4q}{\pi d^2} \tag{7-8}$$

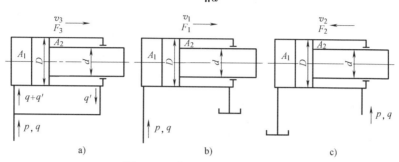

图 7-41　液压缸与管路的连接

a）差动连接　b）单独向无杆腔供油　c）单独向有杆腔供油

当单独向无杆腔或有杆腔供油时，如图7-41b、c所示，液压缸所获得的速度分别为

$$v_1 = \frac{q}{A_1} = \frac{4q}{\pi D^2} \tag{7-9}$$

$$v_2 = \frac{q}{A_2} = \frac{4q}{\pi(D^2 - d^2)} \tag{7-10}$$

比较 v_1、v_2 和 v_3 以及 F_1、F_2 和 F_3，采用差动连接时，液压缸的推力比采用非差动连接时小，但速度比采用非差动连接时大。利用这一点，可使在不加大液压源流量的情况下得到较快的运动速度。这种连接方式被广泛应用于组合机床的液压动力系统和其他机械设备的快速运动中。如果要求液压缸往返速度相等，则由式（7-8）和式（7-10）可得

$$\frac{4q}{\pi(D^2 - d^2)} = \frac{4q}{\pi d^2}$$

即 $D = \sqrt{2} d$，$A_1 = 2A_2$。

2. 双联叶片泵与双泵供油的快速运动回路

图 7-42a 所示为双联叶片泵的结构原理图，它相当于由一大一小两个双作用叶片泵组合而成，将两个尺寸不同的定子、转子和配油盘等安装在一个泵体内，泵体有一个公共的吸油口和两个独立的出油口，两个转子由同一根轴传动工作。图 7-42b、c 所示分别为双联叶片泵的实物图和图形符号。

双联叶片泵的输出流量可以分开使用，也可以合并使用，可通过双泵供油的快速运动回路来实现。如图 7-43 所示，图中件 1 为高压小流量泵，用以实现工作进给；件 2 为低压大流量泵，用以实现快速运动。快速运动时，低压大流量泵 2 输出的油液经单向阀 4 和高压小流量泵 1 输出的油液共同向系统供油。工作进给时，系统压力升高，打开液控顺序阀 3 使低压大流量泵 2 卸荷，此时单向阀 4 关闭，由高压小流量泵 1 单独向系统供油。溢流阀 5 控制高压小流量泵 1 的供油压力，该压力是根据系统所需的最大工作压力来确定的；而液控顺序阀 3 使低压大流量泵 2 在快速运动时供油，在工作进给时则卸荷，因此，其调整压力应比快速运动时系统所需的压力高，但比溢流阀 5 的调整压力低。

双泵供油回路功率利用合理、效率高，并且速度换接较平稳，在快、慢速度相差较大的

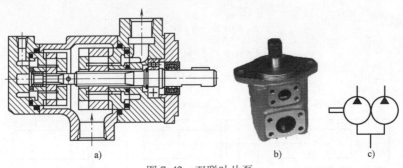

图 7-42　双联叶片泵

a) 结构原理图　b) 实物图　c) 图形符号

机床中应用很广泛；其缺点是需要使用双联泵，油路系统稍复杂。

3. 行程控制换向阀

行程控制换向阀也称为行程阀、机动阀，它利用安装在工作台上的挡铁或凸轮来迫使阀芯移动，从而控制油液的流动方向。

图 7-44a 所示为滚轮式机动换向阀的结构图。在图示位置时，阀芯 2 被弹簧 1 压向上端，P 口与 A 口接通，B 口关闭；当挡块或凸轮压住滚轮 4，使阀芯 2 移动到下端时，P 口与 B 口接通，A 口关闭。图 7-44b 所示为机动换向阀的图形符号和实物图。

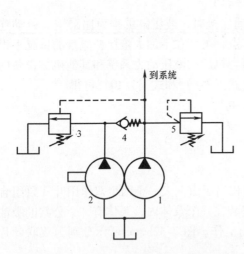

图 7-43　双泵供油的快速运动回路

1—高压小流量泵　2—低压大流量泵　3—液控顺
序阀　4—单向阀　5—溢流阀

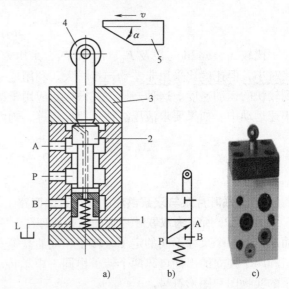

图 7-44　滚轮式机动换向阀

a) 结构原理图　b) 图形符号　c) 实物图
1—弹簧　2—阀芯　3—阀体　4—滚轮　5—挡块

由图可知，阀芯的移动速度，即换向阀的换向速度，取决于挡块的移动速度和挡块的斜角 α。相对于电磁阀来说，机动换向阀换向平稳且可调节，常用于机床液压系统的速度换接回路中。

行程阀阀芯的头部形式除了滚轮式外，还有顶杆式和滚轮杠杆式，其图形符号如图 7-9 所示。

二位二通行程阀常与调速阀和单向阀组合成单向行程调速阀，其图形符号和实物图如图 7-45 所示。

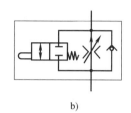

a)   b)

图 7-45   单向行程调速阀

a）实物图   b）图形符号

4. 速度转换回路

设备工作部件在实现自动循环的过程中，需要进行速度的转换，如钻削加工中从钻头快速前进（快进）向钻削加工（工进）的转换。速度转换一般要求转换平稳、可靠，不出现前冲现象。常见的快速与慢速转换回路如下。

（1）采用电磁阀和换向阀的速度转换回路   如图 7-39 所示，这种速度转换回路的速度换接快，行程调节比较灵活，电磁阀可安装在液压站的阀板上，也便于实现自动控制，故应用很广泛。其缺点是平稳性较差。

（2）采用行程阀的速度转换回路   如图 7-40 所示。在这种回路中，行程阀的阀口是逐渐关闭或开启的，速度的换接比较平稳，比采用电气元件更加可靠。其缺点是行程阀必须安装在运动部件附近，有时管路接得很长，压力损失较大。因此，这种速度转换回路多用于大批量生产的专用液压系统中。

疑难诊断

问题 1：对于实践课题，系统起动后无快进动作，试分析可能的原因。

答：1）液压泵未供油。

2）换向阀 1 未换向。

3）液压缸卡住或系统压力偏低。

4）相关电路接错。

问题 2：对于实践课题，快进结束后不能进入工进，试分析可能的原因。

答：1）行程开关 SQ_2 未压下或出现故障。

2）换向阀未换向。

3）相关电路接错。

总结评价

通过以上的学习，对实践课题的完成情况和相关知识的了解情况作出客观评价，并填写表 7-11。

表 7-11　差动快动回路的组建与调试任务评价

序号	评价内容	达标要求	自评	组评
1	差动连接与差动快进	熟悉差动连接及差动快进,熟知快进与快退速度相等的条件		
2	差动回路	能识读差动回路,能按回路图组建并调试差动回路		
3	其他快动方法	了解双泵供油,以及利用蓄能器的短时快动回路		
4	简单故障的排除	能诊断快动回路中出现的常见故障,并予以排除		
5	文明实践活动	遵守纪律,按规程活动		
总体评价				
再学习评价记载				

知识拓展

蓄能器及蓄能器短时快动回路

1. 蓄能器

蓄能器是用来储存油液多余的压力能,并在需要时将其释放出来的元件。在液压系统中,蓄能器的主要功能为向系统短时大量供油、作为系统保压或应急能源、减小液压冲击或压力脉动等。

蓄能器有弹簧式、重锤式和充气式三类。常用的是充气式,它利用气体的压缩和膨胀储存和释放压力能。在充气式蓄能器中,气体和油液被隔开,根据隔离的方式不同,又分为活塞式、囊式和气瓶式三种类型。下面主要介绍常用的囊式蓄能器。

图 7-46a 所示为囊式蓄能器的结构原理图。采用耐油橡胶制成的气囊 2 的内腔充入一定压力的惰性气体,气囊外部液压油经壳体 3 底部的菌形阀 1 通入,菌形阀还可保护气囊不被挤出容器之外。此蓄能器的气、液被完全隔开,气囊受压缩储存压力能,其惯性小、动作灵敏,适合储能和吸收压力冲击,工作压力可达 32MPa。图 7-46b 所示为蓄能器的图形符号。

蓄能器属于压力容器,在安装和使用时应注意以下事项:

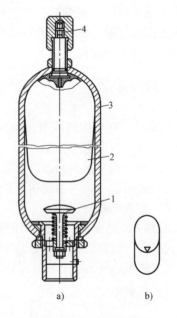

图 7-46　囊式蓄能器
a) 结构原理图　b) 图形符号
1—菌形阀　2—气囊　3—壳体　4—充气阀

1）充气式蓄能器中应使用惰性气体（一般为氮气），其允许工作压力视蓄能器的结构形式而定，如囊式蓄能器的允许工作压力为 3.5~32MPa。

2）不同的蓄能器有其各自适用的工作范围。例如，囊式蓄能器的皮囊强度不高，不能承受很大的压力波动，且只能在 -20~70℃ 的温度范围内工作。

3）囊式蓄能器原则上应垂直安装（油口向下），只有在空间位置受限制时才允许倾斜或水平安装。

4）装在管路上的蓄能器须用支板或支架固定。

5）蓄能器与管路系统之间应安装截止阀，以便在系统长期停止工作及充气、检修时，将蓄能器与主油路切断。蓄能器与液压泵之间应安装单向阀，以防止液压泵停车时蓄能器内储存的油液倒流。

2. 蓄能器短时快动回路

图 7-47 所示为采用蓄能器 3 与液压泵协同工作来实现快速运动的回路，它常用于在短时间内需要大流量的液压系统中。当电磁换向阀 4 处于中位时，进入液压缸的油路关闭，液压泵输出的油液经单向阀 2 向蓄能器 3 充油。当蓄能器内的压力达到液控顺序阀 1 的调定压力时，阀 1 打开，使液压泵卸荷。当电磁换向阀 4 左位或右位接入时，液压缸动作，液压泵和蓄能器同时向液压缸供油，使其实现快速运动。

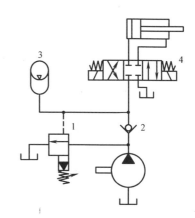

图 7-47　采用蓄能器的短时快动回路
1—液控顺序阀　2—单向阀
3—蓄能器　4—电磁换向阀

课后思考

根据图 7-39，分别写出快进、工进、快退时，进、出液压油的流向。

任务6　多缸顺序动作回路的组建与调试

任务描述

在液压系统中，一个液压源往往要驱动多个液压缸或液压马达工作。系统工作时，要求这些执行元件或顺序动作、或同步动作、或互锁、或互不干扰。因而，需要有能够满足这些要求的多缸工作控制回路。

本任务仍以本项目任务 1 中的钻孔加工为例，要求实现对进给液压缸和夹紧液压缸顺序动作的控制，如图 7-48 所示。其动作顺序是：夹紧液压缸夹紧→进给液压缸进给→进给液压缸返回→夹紧液压缸松开。

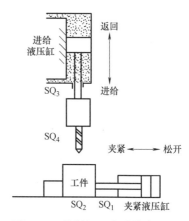

图 7-48　钻削加工中进给液压缸、夹紧液压缸的动作控制

实践课题

钻削加工多缸顺序动作回路控制

1. 液压回路图及控制电路图（图7-49~图7-51）

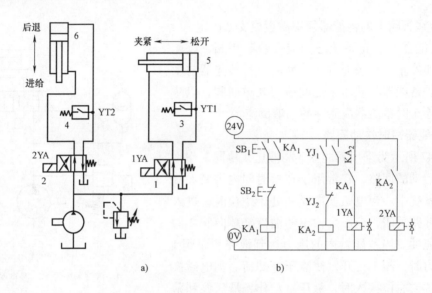

a)   b)

图7-49　钻削加工多缸顺序动作控制方案1

a）液压回路图　b）控制电路图

1、2—二位四通电磁阀　3、4—压力继电器　5—夹紧液压缸　6—进给液压缸

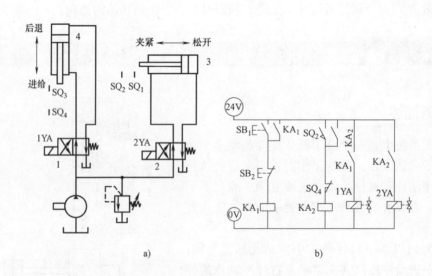

a)   b)

图7-50　钻削加工多缸顺序动作控制方案2

a）液压回路图　b）控制电路图

1、2—二位四通电磁阀　3—夹紧液压缸　4—进给液压缸

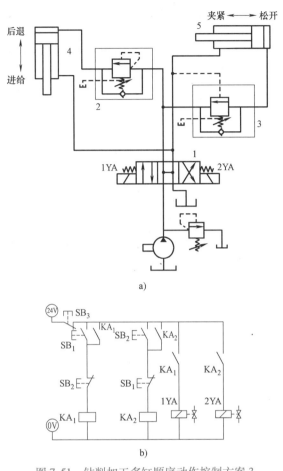

图 7-51　钻削加工多缸顺序动作控制方案 3

a）液压回路图　b）控制电路图

1—三位四通电磁阀　2—单向顺序阀　3—液控单向顺序阀　4—进给液压缸　5—夹紧液压缸

2. 回路分析

（1）控制方案 1　方案 1 是采用压力继电器进行控制的顺序动作回路。按下起动按钮，1YA 得电，夹紧液压缸 5 作夹紧动作；夹紧动作结束后，夹紧液压缸无杆腔压力升高，压力继电器 3 动作，并发出电信号通知 2YA 得电，进给液压缸作前进动作；前进动作结束后，进给液压缸无杆腔压力升高，压力继电器 4 动作，并发出电信号通知 2YA 失电，进给液压缸作返回动作；返回动作结束后，按下停止按钮，夹紧液压缸作松开动作。至此，便完成了一个动作循环。

（2）控制方案 2　方案 2 是采用行程开关进行控制的顺序动作回路。按下起动按钮，1YA 得电，夹紧液压缸 3 作夹紧动作；夹紧动作结束后，挡块压下行程开关 SQ_2，并发出电信号通知 2YA 得电，进给液压缸作前进动作；前进动作结束后，挡块压下行程开关 SQ_4，并发出电信号通知 2YA 失电，进给液压缸作返回动作；进给液压缸返回动作结束后，按下停止按钮，夹紧液压缸作松开动作。至此，便完成了一个动作循环。

（3）控制方案 3　方案 3 是采用顺序阀进行控制的顺序动作回路。按下起动按钮 SB_1，

1YA 得电，液压油经液控单向顺序阀 3 进入夹紧液压缸 5 的无杆腔，夹紧液压缸作夹紧动作；夹紧动作结束后，夹紧液压缸无杆腔的压力升高，打开单向顺序阀 2，液压油进入进给液压缸 4 的无杆腔，进给液压缸作前进动作；按下按钮 SB$_2$，1YA 失电、2YA 得电，电磁阀 1 换向，液压油进入进给液压缸的有杆腔，进给液压缸作返回动作；进给液压缸返回动作结束后，其有杆腔的油液压力升高，液控单向顺序阀 3 打开，夹紧液压缸回油路接通，夹紧液压缸作松开动作。至此，便完成了一个动作循环。

3. 实施步骤

1）利用 FluidSIM-H 液压仿真软件进行运动仿真。

2）在教师的帮助下，按液压回路图和控制电路图选择合适的液压元件和电气元件。

3）在实训平台上固定液压元件。

4）分别完成控制方案 1、2、3 中液压元件的连接和电气元件的连接，并检查连接是否正确。

5）起动液压泵，按下起动按钮，观察两个液压缸的动作顺序。

6）在教师的引导下进行讨论、总结，最后进行场地整理。

知识链接

1. 压力继电器

压力继电器是一种将系统中液体的压力信号转换成电信号的转换元件。图 7-52a 所示为压力继电器的结构原理图。它由压力-位移转换部件和微动开关两部分组成。当控制油口 K 的压力达到弹簧 3 的调定值时，液压油通过薄膜使柱塞 1 上升，柱塞 1 压向微动开关 4 的触头，接通或断开电气线路，此时，控制口的压力称为压力继电器的开启压力。当液压力小于弹簧力时，微动开关复位，此时控制口的压力称为压力继电器的闭合压力。由于压力继电器开启和闭合时，柱塞所受摩擦力的方向正好相反，因此动作压力与复位压力并不相等，而是存在一个差值，此差值对压力继电器的正常工作是必要的，但不宜过大。压力继电器的图形符号和实物图分别如图 7-52b、c 所示。

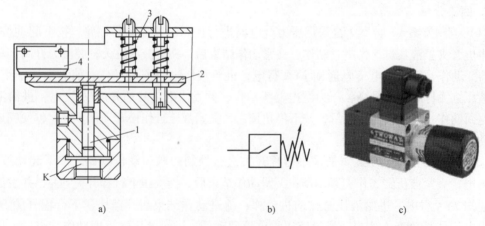

图 7-52 压力继电器

a）结构原理图 b）图形符号 c）实物图

1—柱塞 2—杠杆 3—弹簧 4—微动开关

压力继电器的输入信号虽然是液体压力信号，但其输出信号为电信号，因此不仅可以用于液压传动系统，还可以更加广泛地应用在其他所有使用电气控制的地方。此外，压力继电器还可用于设备的安全保护、系统的保压，以及控制液压泵的启停和卸荷等。

2. 顺序阀

顺序阀的主要作用是使两个以上的执行元件按压力高低实现顺序动作，所以称为顺序阀。顺序阀的结构和外形与溢流阀很相似。按结构不同，顺序阀可分为直动式和先导式；按压力控制方式不同，又可分为外控式和内控式。

图 7-53a 和图 7-55a 所示分别为直动式内控顺序阀和先导式内控顺序阀的结构原理图。其工作原理与直动式和先导式溢流阀相似，都是通过调节进油口的液压力和弹簧的作用力相平衡，来控制阀进、出口的通断。当顺序阀进油口的压力低于弹簧的预调压力时，阀口关闭；当顺序阀进油口的压力高于弹簧的预调压力时，进、出油口接通，出油口的液压油使下游的执行元件动作。顺序阀与溢流阀的主要差别在于：顺序阀的输出油液不接回油箱，所以弹簧侧的泄油口必须单独接回油箱。它们的图形符号分别如图 7-53b 和图 7-54b 所示。

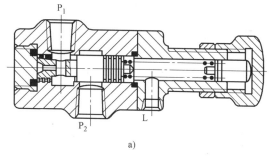

图 7-53 直动式内控顺序阀
a）结构原理图 b）图形符号

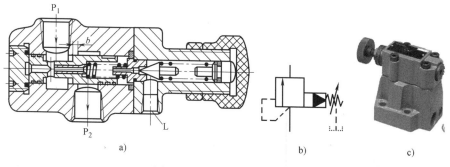

图 7-54 先导式内控顺序阀
a）结构原理图（管式） b）图形符号 c）实物图（板式）

图 7-55a 所示为单向顺序阀的结构原理图，它由单向阀和顺序阀并联而成。当液压油从 P_1 口进入，单向阀关闭，进油口的压力超过弹簧调定值时，阀芯移动，油液从 P_2 口流出；当液压油从 P_2 口进入时，油液经单向阀从 P_1 口流出。单向顺序阀的图形符号如图 7-55b 所示。

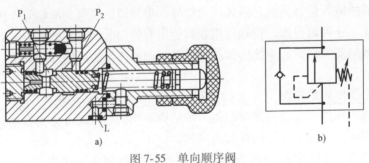

图 7-55　单向顺序阀

a）结构原理图　b）图形符号

图 7-56 所示为直动式外控顺序阀的结构原理图和图形符号。它与上述顺序阀的差别仅仅在于其下部有一控制油口 K，阀芯的启闭利用通入控制油口 K 的外部控制油来控制。直动式外控顺序阀常作为液压泵卸荷用，有时也称卸荷阀。

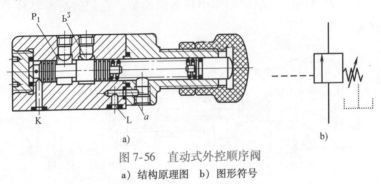

图 7-56　直动式外控顺序阀

a）结构原理图　b）图形符号

3. 顺序动作回路

顺序动作回路按其控制方式不同，分为压力控制、行程控制和时间控制三类，其中前两类应用较多。

压力控制利用油路本身的压力变化来控制液压缸的先后动作顺序。它主要利用压力继电器和顺序阀来控制顺序动作。

行程控制是指利用工作部件到达一定位置时发出的信号来控制液压缸的先后动作顺序。它可以利用行程开关、行程阀或顺序缸来实现对顺序动作的控制。

疑难诊断

问题 1：对于控制方案 1，夹紧动作完成后，进给液压缸前进动作未执行，试分析原因。

答：1）压力继电器未动作，可能的原因有压力继电器故障；压力继电器的调整压力太高，高于溢流阀的调整压力。

2）电磁阀 2 未能换向，可能的原因是控制电路接错，或阀芯卡住。

3）进给缸故障，活塞被卡住。

问题 2：对于控制方案 2，夹紧动作完成后，进给液压缸前进动作未执行，试分析原因。

答：1）行程阀 SQ_2 未压下或故障，没有发出电信号。

2）电磁阀 1 未能换向，可能的原因是控制电路接错，或阀芯卡住。

3）进给缸故障，活塞被卡住。

问题3：对于控制方案3，夹紧动作完成后，进给液压缸前进动作未执行，试分析原因。

答：1）单向顺序阀2阀口不能打开，可能的原因是阀芯卡住；或调整压力偏高，高于溢流阀的调整压力。

2）进给缸故障，活塞被卡住。

总结评价

通过以上的学习，对实践课题的完成情况和相关知识的了解情况作出客观评价，并填写表7-12。

表7-12　多缸顺序动作回路的组建与调试任务评价

序号	评价内容	达标要求	自评	组评
1	顺序动作信号发生元件	熟悉行程开关、压力继电器、顺序阀(包括单向顺序阀、液控顺序阀等)的工作原理、图形符号及使用特点		
2	顺序动作回路	能识读顺序动作回路,能按回路图的要求组建并调试顺序动作回路		
3	其他多缸动作回路	了解同步回路等		
4	简单故障的排除	能对顺序动作回路出现的简单故障进行诊断和排除		
5	文明实践活动	遵守纪律,按规程活动		
总体评价				
再学习评价记载				

知识拓展

1. 同步回路

使两个或两个以上的液压缸在运动中保持相同位移或相同速度的回路称为同步回路。

（1）机械刚性连接的同步回路　将两个（或若干）液压缸（或液压马达）通过机械装置（如杠杆、齿轮齿条等）将其活塞杆（或输出轴）连接在一起，使它们的运动相互受到牵制，这样，不必在液压系统中采取任何措施即可实现同步运动，如图7-57所示。这种同步方式常用于液压折弯机中。

（2）用调速阀控制的同步回路　如图7-58所示，在两个并联液压缸的进油路（或回油路）上分别串入一个调速阀，仔细调整两个调速阀的开口大小，可使两个液压缸在一个方向上实现速度同步。显然，这种回路不能严格保证位置同步，而且调整比较麻烦，其同步精度一般为5%～10%。

2. 互不干扰回路

在一泵多缸的液压系统中，往往会由于其中一个液压缸快速运动时，大量的油液进入该液压缸，造成系统的压力下

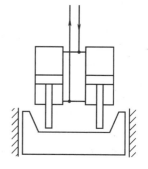

图7-57　机械刚性连接的同步回路

降，从而影响其他液压缸工作进给的稳定性。因此，在工作进给要求比较稳定的多缸液压系统中，必须采用快、慢速互不干扰回路。

在图 7-59 所示的液压回路中，各液压缸分别要完成快进、工进和快退的自动循环。该回路采用双泵供油系统，泵 1 为高压小流量泵，供给各缸工作进给所需的液压油；泵 2 为低压大流量泵，它为各缸的快进或快退输送低压油，它们的压力分别由溢流阀 3 和 4 调定。这样，两缸可各自完成"快进→工进→快退"的自动工作循环，而互不干扰。

图 7-59 所示互不干扰回路中电磁铁的动作顺序见表 7-13。

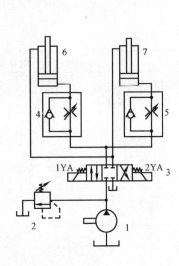

图 7-58　用调速阀控制的同步回路

1—液压泵　2—溢流阀　3—三位四通电磁阀
4、5—单向调速阀　6、7—液压缸

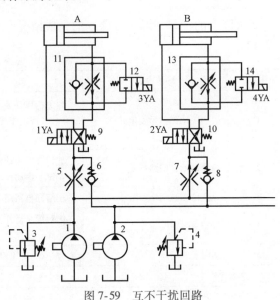

图 7-59　互不干扰回路

A、B—液压缸

1、2—液压泵　3、4—溢流阀　5、7—调速阀　6、8—单向阀
9、10—三位四通电磁换向阀　11、13—单向调速阀
12、14—二位二通电磁阀

表 7-13　电磁铁的动作顺序

电磁铁 \ 动作	1YA	2YA	3YA	4YA
快进	+	+	+	+
工进	+	+	−	−
快退	−	−	−	−

课后思考

1. 对于实践课题中的控制方案 2，用 PLC 控制代替继电器控制实现液压缸的动作顺序。

2. 试比较实践课题中 3 种控制方案的特点。

3. 以先导式结构为例，比较三大压力控制阀——溢流阀、减压阀和顺序阀，并将比较结果填入表 7-14。

表 7-14 题 3 表

	油口设置	稳压特点	进、出油口的原始状态	图形符号	应用举例
先导式溢流阀					
先导式减压阀					
先导式顺序阀					

4. 如图 7-60 所示，要求完成夹紧→快进→工进→快退→松开的动作顺序，试填写电磁铁动作顺序表（表 7-15）。

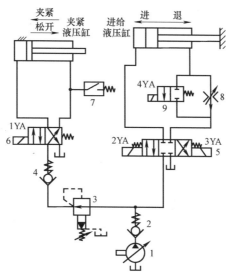

图 7-60 题 4 图

1—变量泵 2、4—单向阀 3—减压阀 5—三位四通电磁换向阀
6—二位四通电磁换向阀 7—压力继电器 8—调速阀 9—二位二通电磁换向阀

表 7-15 题 4 表

电磁铁	1YA	2YA	3YA	4YA
夹紧				
快进				
工进				
快退				
松开				

项目八

液压传动系统的识读与维护

项目描述

  与气压传动相似，为了使液压设备实现特定的运动循环或工作，将实现各种不同运动的执行元件及其液压回路拼接、汇合起来，用液压泵组集中供油，形成一个网络，就构成了设备的液压传动系统，简称液压系统。

  设备的液压系统图是用规定的图形符号绘制的液压系统原理图。这种图表明了组成液压系统的所有液压元件，以及它们之间的相互连接情况，还表明了各执行元件所实现的运动循环及循环的控制方式等，从而表明了整个液压系统的工作原理。

  本项目主要完成对动力滑台液压系统和汽车起重机液压系统的识读，以及相关维护知识的学习。

学习目标

  1. 熟悉动力滑台液压系统的工况，能根据其液压原理图描述系统在不同工况下液压油的流向，理解两种进给速度的换接方法，了解液压设备维护的一般知识和动力滑台液压系统的特点。

  2. 熟悉汽车起重机液压系统的工况，能根据其液压原理图描述系统液压油在不同工况下的流向，了解平衡回路、伸缩液压缸和起重机液压系统的特点。

任务1　动力滑台液压系统的识读与维护

任务描述

  组合机床是用一些通用和专用部件组合而成的专用机床，其操作简便、效率高，被广泛应用于成批大量生产中。组合机床上的主要通用部件——动力滑台（图8-1）是用来实现进给运动的，只要配以不同用途的主轴头，即可实现钻、扩、铰、镗、铣、刮端面、倒角及攻螺纹等加工。

动力滑台有机械滑台和液压滑台之分。液压动力滑台如图8-2所示，它利用液压缸将泵站所提供的液压能转变成滑台运动所需的机械能。它对液压系统性能的主要要求是速度换接平稳、进给速度稳定，功率利用合理、效率高、发热少。

本任务是识读 YT4543 型液压动力滑台的液压系统。该动力滑台要求进给速度为 6.6~600mm/min，最大进给力为 $4.5×10^4$N，其实现的工作循环为快进→第一次工作进给（一工进）→第二次工作进给（二工进）→固定挡块停留→快退→原位停止，如图8-3所示。

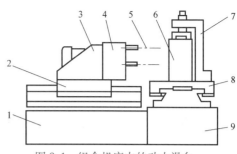

图8-1　组合机床中的动力滑台

1—床身　2—动力滑台　3—动力头　4—主轴箱
5—刀具　6—工件　7—夹具　8—工作台
9—底座

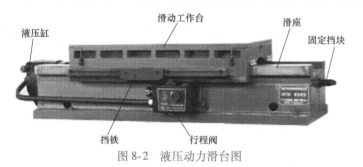

图8-2　液压动力滑台图

图8-3　YT4543 型液压动力滑台的工作循环

 实践课题

识读 YT4543 型液压动力滑台液压系统

1. 液压系统原理图

YT4543 型液压动力滑台的液压系统原理图如图8-4所示，其电磁铁和行程阀的动作顺序见表8-1。

表8-1　电磁铁和行程阀动作顺序表

液压缸工作循环	信号来源	电磁铁			行程阀11
		1YA	2YA	3YA	
快进	起动按钮	+	-	-	-
一工进	挡块压行程阀	+	-	-	+
二工进	挡块压行程开关	+	-	+	+
固定挡块停留	固定挡块、压力继电器	+	-	+	+
快退	时间继电器	-	+	-	+→-
原位停止	挡块压终点开关	-	-	-	-

注："+"表示电磁铁通电；"-"表示电磁铁断电。

2. 系统分析

该系统采用限压式变量泵供油、电液动换向阀换向，其快进由液压缸差动连接来实现；用行程阀实现快进与工进的转换，二位二通电磁换向阀用来进行两个工进速度之间的转换；

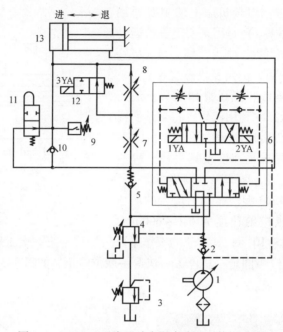

图 8-4 YT4543 型液压动力滑台液压系统原理图

1—变量泵 2、5、10—单向阀 3—背压阀 4—顺序阀 6—电液动换向阀 7、8—调速阀
9—压力继电器 11—行程阀 12—换向阀 13—液压缸

为了保证进给的尺寸精度，采用了固定挡块停留来限位。结合系统的动作循环及各电磁铁和
行程阀的动作顺序（表8-1），其各工况的进、回油路如下。

（1）快进 按下起动按钮，电磁铁 1YA 得电，电液动换向阀 6 的先导阀阀芯向右移动，
从而引起主阀阀芯向右移，使其左位接入系统，其主油路为：

进油路：泵1→单向阀2→电液动换向阀6（左位）→行程阀11（下位）→液压缸左腔。

回油路：液压缸的右腔→电液动换向阀6（左位）→单向阀5→行程阀11（下位）→液压
缸左腔。从而形成差动连接。

（2）第一次工作进给 当滑台快速运动到预定位置时，滑台上的行程挡块压下行程阀
11 的阀芯，切断了该通道，使液压油须经调速阀7进入液压缸的左腔。由于油液流经调速
阀，系统压力上升，打开液控顺序阀4，此时单向阀5的上部压力大于下部压力，所以单向
阀5关闭，切断了液压缸的差动回路，回油经液控顺序阀4和背压阀3流回油箱，使滑台转
换为第一次工作进给。其主要油路为：

进油路：泵1→单向阀2→电液动换向阀6（左位）→调速阀7→换向阀12（右位）→液
压缸左腔。

回油路：液压缸右腔→电液动换向阀6（左位）→顺序阀4→背压阀3→油箱。

因为工作进给时系统压力升高，所以变量泵1的输油量便自动减小，以适应工作进给的
需要，进给量的大小由调速阀7调节。

（3）第二次工作进给 第一次工进结束后，行程挡块压下行程开关使 3YA 通电，二位
二通换向阀12将通路切断，进油必须经调速阀7、8才能进入液压缸。此时，由于调速阀8
的开口量小于阀7，所以进给速度再次降低，其他油路情况同第一次工作进给。

（4）固定挡块停留 当滑台工作进给完毕之后，碰上固定挡块的滑台不再前进，而是

停留在固定挡块处，同时系统压力升高，当其升高到压力继电器9的调定值时，压力继电器动作，经过时间继电器的延时，再发出信号使滑台返回。滑台的停留时间可由时间继电器在一定范围内进行调整。

（5）快退　时间继电器经延时发出信号，2YA通电，1YA、3YA断电，主油路为：

进油路：泵1→单向阀2→电液动换向阀6（右位）→液压缸右腔。

回油路：液压缸左腔→单向阀10→电液动换向阀6（右位）→油箱。

（6）原位停止　当滑台退回原位时，行程挡块压下行程开关，发出信号，使2YA断电，电液动换向阀6处于中位，液压缸失去液压动力源，滑台停止运动。液压泵输出的油液经电液动换向阀6直接回油箱，泵卸荷。

3. 实施步骤

1）读懂图8-4中各液压元件的图形符号，了解它们的名称及一般用途。

2）分析图8-4中的基本回路及其功用。

3）了解系统的工作程序及程序转换的发信元件。

4）按工作程序图逐个分析其程序动作。

5）归纳总结此液压系统的特点。

知识链接

1. 电液动换向阀

电液动换向阀是由电磁换向阀和液动换向阀组合而成的。电磁换向阀起先导作用，它可以改变控制液流的方向，从而改变液动换向阀阀芯的位置。由于操纵液动换向阀的液压推力可以很大，所以主阀阀芯的尺寸可以做得很大，允许有较大流量的油液通过，而推动液动换向阀阀芯的控制流量不必很大，这样就可以用较小的电磁阀控制较大的液流。

在图8-5a所示的电液动换向阀中，当先导电磁阀的两个电磁铁均不通电时，先导电磁阀阀芯处于中间位置，控制液压油进油口P′关闭，主阀阀芯在两端弹簧的作用下处于中间位置，P、A、B、T互不相通。当先导电磁阀左边的电磁铁通电时，先导电磁阀阀芯处于右位，控制液压油经P′到A′，再到主阀芯左端油腔，回油从主阀芯右端经B′到T′，然后回油箱。于是，主阀阀芯移至右端，即液动换向阀左位工作，此时P与A，B与T相通。当先导电磁阀右边的电磁铁通电时，P与A，B与T相通。图8-5b、c、d所示分别为电液动换向阀的详细图形符号、简化图形符号和实物图。

2. 两种工作进给速度换接回路

对于某些自动机床、注射机等，需要在自动工作循环中变换两种以上的工作进给速度，这时需要采用两种或两种以上工作进给速度的换接回路。为了获得两种进给速度，回路中应设置两个流量阀（一般采用调速阀），两个流量阀可以采用并联或串联两种形式安装在回路中。

图8-6所示为两个调速阀并联以实现两种工作进给速度的速度换接回路。当1YA、2YA得电时，液压泵输出的液压油经调速阀2和电磁阀4左位进入液压缸，获得第一种工作进给速度，其速度大小由调速阀2决定。当需要第二种工作进给速度时，电磁阀4失电，其右位接入回路，液压泵输出的液压油经调速阀3进入液压缸，其速度的大小由调速阀3决定。这种回路中两个调速阀的节流口可以单独调节，互不影响，即第一种和第二种工作进给速度相互间没有限制。

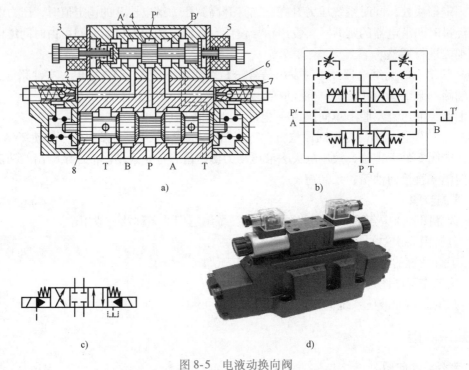

图 8-5　电液动换向阀

a）结构原理图　b）详细图形符号　　c）简化图形符号　d）实物图

1、6—节流阀　2、7—单向阀　3、5—电磁铁　4—电磁阀阀芯　8—主阀阀芯

图 8-7 所示为两个调速阀串联以实现两种工作进给速度的速度换接回路。当 1YA 得电，2YA 失电时，液压泵输出的液压油经调速阀 2 和电磁阀 4 进入液压缸，获得第一种工作进给速度，速度大小由调速阀 2 决定。当需要第二种工作进给速度时，2YA 得电，其右位接入回路，则液压泵输出的液压油先经调速阀 2，再经调速阀 3 进入液压缸，速度大小由调速阀 3 控制。注意：要获得第二种工作进给速度，调速阀 3 的节流口应调得比调速阀 2 的节流口小，否则调速阀 3 将不起作用。这种回路在工作时调速阀 2 一直工作，它限制着进入液压缸或调速阀 3 的油液流量，因此在速度换接时不会使液压缸产生前冲现象，换接平稳性较好。在调速阀 3 工作时，油液需要经过两个调速阀，故能量损失较大。

3. 液压系统的使用与维护

液压系统使用得当、维护保养好，可以减少故障的发生，能有效延长系统的使用寿命。

（1）液压系统使用注意事项

1）操作者在使用液压设备前，要熟悉液压元件控制机构的操作要领，以及各液压元件所需控制的相应的执行元件和调节旋钮的转动方向、流量大小变换的关系等，严防调节错误而

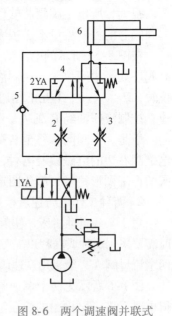

图 8-6　两个调速阀并联式速度换接回路

1—二位四通电磁阀　2、3—调速阀
4—二位五通电磁阀　5—单向阀
6—液压缸

造成事故。

2）使用液压设备时，应随时注意油位和温升，一般油液的工作温度为30~60℃较为合理，最高不超过60℃；发现异常升温时，应停机检查。冬天气温低时，应使用加热器。

3）保持液压油清洁，定期检查更换。对于新使用的液压设备，使用三个月左右就应清洗油箱、更换油液；以后每隔半年至一年进行一次清洗和换油。

4）注意过滤器的使用情况，定期清洗和更换滤芯。

5）若设备长期不用，应将各调节手柄全部放松，以防止弹簧发生永久变形。

（2）液压系统的维护保养事项

1）日常检查。日常检查是减少液压系统故障的重要环节，主要是操作者在使用中经常通过目视、耳听及手触等比较简单的方法，在泵起动前后和停止运转前检查油量、油温、压力、泄漏、振动等。出现不正常情况应停机检查原因，及时排除。对重要的液压设备，应填写日检修卡。

2）定期检查。定期检查的内容包括：调查日常检查中发现而未及时排除的异常现象，发现潜在的故障预兆并查明原因和给予排除；对规定必须定期维修的基础部件，应认真检查并加以保养；对需要维修的部位，必要时应分解检修。定期检查的时间间隔一般与过滤器检修的时间间隔相同，大约为三个月。

3）综合检查。综合检查大约每年进行一次，其主要内容是检查液压装置的各元件和部件，判断其性能和寿命，并对产生的故障进行检修或更换元件。

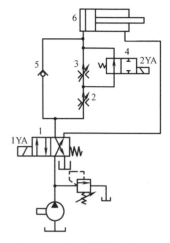

图 8-7　两个调速阀串联式
速度换接回路
1—二位四通电磁阀　2、3—调速阀
4—二位二通电磁阀　5—单向阀
6—液压缸

疑难诊断

问题：液压系统由一工进向二工进转换不明显，试分析原因。
答：1）调速阀节流口被堵，两调速阀节流口大小相近。
2）速度转换电磁阀故障，未换向。
3）行程开关故障，未能使速度转换电磁阀动作。
4）控制电路故障，导致速度转换电磁阀未动作。

总结评价

通过以上的学习，对实践课题的完成情况和相关知识的了解情况作出客观评价，并填写表8-2。

表8-2　动力滑台液压系统的识读任务评价

序号	评价内容	达标要求	自评	组评
1	动力滑台	熟悉动力滑台的结构及工作过程，了解其工作特点，熟悉动力滑台液压系统维护常识		
2	动力滑台液压系统	熟悉动力滑台液压系统原理图中各液压元件的功能，能按原理图及动作顺序表描述不同工况下油液的流向		

（续）

序号	评价内容	达标要求	自评	组评
3	简单故障的排除	能判断简单故障，并予以排除		
4	文明实践活动	遵守纪律，按规程活动		
	总体评价			
	再学习评价记载			

课后思考

1. 动力滑台液压系统有哪些特点？

2. 实践课题中阀4和阀5在系统中起什么作用？

3. 图8-8所示为一组合机床的液压传动系统图，要求完成"快进→工进→快退→停止"的工作循环，要求：

（1）说出序号1、3、6、7所代表的液压元件的名称。

（2）根据图示的工作循环要求，填写电磁铁动作顺序表（表8-3）。

表8-3 题3表

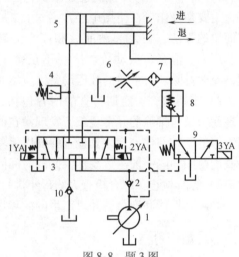

电磁铁 \ 动作	1YA	2YA	3YA
快进			
工进			
快退			
停止			

图8-8 题3图

（3）写出快进时的进油路线和回油路线。

4. 图8-9所示回路需实现"快进→工进Ⅰ→工进Ⅱ→快退→停止"的工作循环，工进Ⅰ的速度比工进Ⅱ的速度快。要求：

（1）说出序号1、2、7、9所代表的液压元件的名称。

（2）根据图示的工作循环要求，填写电磁铁动作顺序表（表8-4）。

表8-4 题4表

电磁铁 \ 动作	1YA	2YA	3YA	4YA
快进				
工进Ⅰ				
工进Ⅱ				
快退				
停止				

（3）写出快退时的进油路线和回油路线。

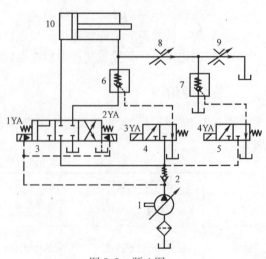

图8-9 题4图

任务2　汽车起重机液压系统的识读

 任务描述

　　汽车起重机（图 8-10）是一种使用广泛的工程机械，这种机械能以较快的速度行走，其机动性好，适应性强，自备动力、不需要配备电源，能在野外作业，操作简便灵活，因此在交通运输、城建、消防、大型物料场、基建、急救等领域得到了广泛的使用。在汽车起重机上采用液压起重技术，具有承载能力大，可在有冲击、振动和环境较差的条件下工作等优点。由于系统执行元件需要完成的动作较为简单、位置精度要求较低，所以系统以手动操作为主，对于起重机械液压系统，设计中确保工作可靠与安全最为重要。

　　图 8-11 所示为汽车起重机的结构原理图，它主要由如下五个部分构成。

　　（1）支腿装置　进行起重作业时，使汽车轮胎离开地面，架起整车，不使载荷压在轮胎上，并可调节整车的水平度，一般为四腿结构。

　　（2）吊臂回转机构　使吊臂实现 360°任意回转，在任何位置都能够锁定停止。

　　（3）吊臂伸缩机构　使吊臂在一定尺寸范围内可调，并能够定位，用以改变吊臂的工作长度。一般为 3 节或 4 节套筒伸缩结构。

　　（4）吊臂变幅机构　使吊臂在 15°~80°范围内可调，用以改变吊臂的倾角。

　　（5）吊钩起降机构　使重物在起吊范围内任意升降，并在任意位置负重停止，起吊和下降速度在一定范围内无级可调。

图 8-10　汽车起重机

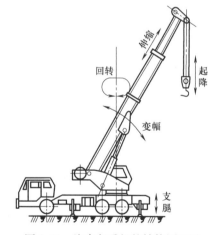

图 8-11　汽车起重机的结构原理图

　　本任务是完成 Q2—8 型汽车起重机液压系统的识读，以及相关知识的学习。

 实践课题

识读汽车起重机液压系统

1. 液压系统图和工作情况（图 8-12 和表 8-5）

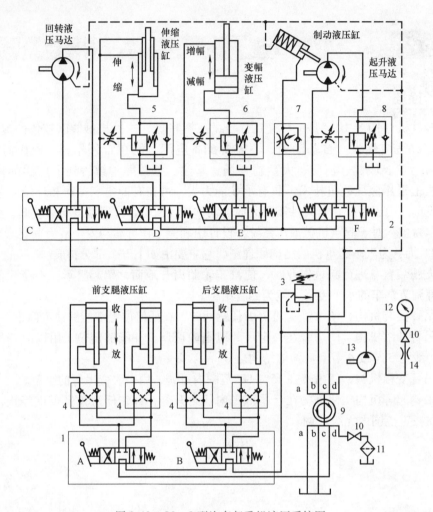

图 8-12　Q2—8 型汽车起重机液压系统图

1、2—多路换向阀　3—安全阀　4—双向液压锁　5、6、8—平衡阀（液控单向顺序阀）　7—单向节流阀
9—多路旋转接头　10—开关　11—过滤器　12—压力表　13—液压泵　14—节流器
A、B、C、D、E、F—手动换向阀

表 8-5　Q2—8 型汽车起重机液压系统的工作情况

手动换向阀位置						系统工作情况						
阀A	阀B	阀C	阀D	阀E	阀F	前支腿液压缸	后支腿液压缸	回转液压马达	伸缩液压缸	变幅液压缸	起升液压马达	制动液压缸
左位	中位	中位	中位	中位	中位	伸出	不动	不动	不动	不动	不动	制动
右位						缩回						
中位	左位					不动	伸出					
	右位						缩回					
	中位	左位					不动	正转				
		右位						反转				
		中位	左位					不动	缩回			

（续）

手动换向阀位置						系统工作情况						
阀A	阀B	阀C	阀D	阀E	阀F	前支腿液压缸	后支腿液压缸	回转液压马达	伸缩液压缸	变幅液压缸	起升液压马达	制动液压缸
中位	中位	中位	右位	中位	中位	不动	不动	不动	伸出	不动	不动	制动
			中位	左位					不动	减幅		
				右位						增幅		
				中位	左位					不动	正转	松开
					右位						反转	

2. 系统分析

结合汽车起重机液压系统的工作情况表（表8-7），其液压系统各部分的具体工作情况如下。

（1）支腿缸收放回路　该汽车起重机的底盘前后各有两条支腿，通过机械机构可以使每一条支腿收起和放下。在每一条支腿上都装着一个液压缸，支腿的动作由液压缸驱动。两条前支腿和两条后支腿分别由多路换向阀1中的三位四通手动换向阀A和B控制其伸出或缩回。换向阀均采用M型中位机能，且油路采用串联方式。确保每条支腿伸出去的可靠性至关重要，因此，每个液压缸均设有双向锁紧回路，以保证支腿被可靠地锁住，防止在起重作业时发生"软腿"现象或在行车过程中支腿自行滑落。此时，系统中油液的流动情况为：

1）前支腿。

进油路：液压泵→多路换向阀1中的阀A→两个前支腿缸的进油腔。

回油路：两个前支腿缸的回油腔→多路换向阀1中的阀A→阀B中位→多路旋转接头9→多路换向阀2中阀C、D、E、F的中位→多路旋转接头9→油箱。

2）后支腿。

进油路：液压泵→多路换向阀1中阀A的中位→阀B→两个后支腿缸的进油腔。

回油路：两个后支腿缸的回油腔→多路换向阀1中阀A的中位→阀B→多路旋转接头9→多路换向阀2中阀C、D、E、F的中位→多路旋转接头9→油箱。

（2）吊臂回转回路　吊臂回转机构采用液压马达作为执行元件。液压马达通过蜗杆减速箱和一对内啮合的齿轮传动来驱动转盘回转。由于转盘的转速较低（1~3r/min），故液压马达的转速也不高，因此没有必要设置液压马达制动回路。系统中用多路换向阀2中的一个三位四通手动换向阀C来控制转盘的正、反转和锁定不动三种工况。此时，系统中油液的流动情况为：

进油路：液压泵→多路换向阀1中的阀A、阀B中位→多路旋转接头9→多路换向阀2中的阀C→回转液压马达的进油腔。

回油路：回转液压马达的回油腔→多路换向阀2中的阀C→多路换向阀2中阀D、E、F的中位→多路旋转接头9→油箱。

（3）伸缩回路　起重机的吊臂由基本臂和伸缩臂组成，伸缩臂套在基本臂之中，用一个由三位四通手动换向阀D控制的伸缩液压缸来驱动吊臂的伸出和缩回。为防止自重使吊臂下落，油路中设有平衡回路。此时，系统中油液的流动情况为：

进油路：液压泵→多路换向阀 1 中阀 A、阀 B 的中位→多路旋转接头 9→多路换向阀 2 中阀 C 的中位→换向阀 D→伸缩缸进油腔。

回油路：伸缩缸回油腔→多路换向阀 2 中的阀 D→多路换向阀 2 中阀 E、F 的中位→多路旋转接头 9→油箱。

（4）变幅回路　吊臂的变幅是通过一个液压缸改变起重臂的俯角角度来实现的。变幅液压缸由三位四通手动换向阀 E 控制。同样，为防止在变幅作业时因自重而使吊臂下落，在油路中设有平衡回路。此时，系统中油液的流动情况为：

进油路：液压泵→阀 A 中位→阀 B 中位→多路旋转接头 9→阀 C 中位→阀 D 中位→阀 E→变幅缸进油腔。

回油路：变幅缸回油腔→阀 E→阀 F 中位→多路旋转接头 9→油箱。

（5）起降回路　起降机构是汽车起重机的主要工作机构，它由一个低速大转矩定量液压马达来带动卷扬机工作。液压马达的正、反转由三位四通手动换向阀 F 控制。起重机起升速度的调节是通过改变汽车发动机的转速，从而改变液压泵的输出流量和液压马达的输入流量来实现的。在液压马达的回油路上设有平衡回路，以防止重物自由落下；在液压马达上还设有单向节流阀平衡回路，设有单作用闸缸组成的制动回路，当系统不工作时，通过闸缸中的弹簧力实现对卷扬机的制动，防止起吊重物下滑；当吊车负重起吊时，利用制动器延时张开的特性，可以避免卷扬机起吊时发生溜车下滑现象。此时，系统中油液的流动情况为：

进油路：液压泵→阀 A 中位→阀 B 中位→多路旋转接头 9→阀 C 中位→阀 D 中位→阀 E 中位→阀 F→卷扬机马达进油腔。

回油路：卷扬机马达回油腔→阀 F→多路旋转接头 9→油箱。

3. 实施步骤

1）看懂液压系统图中各液压元件的图形符号，了解它们的名称及一般用途。

2）分析液压系统图中的基本回路及其功用。

3）了解液压系统的工作程序及程序转换的发信元件。

4）按工作程序图逐个分析其程序动作。

5）归纳总结系统特点。

 知识链接

1. 伸缩液压缸

伸缩液压缸由两个或多个活塞缸套装而成，前一级活塞缸的活塞杆内孔是后一级活塞缸的缸筒，伸出时可获得很长的工作行程，缩回时可保持很小的结构尺寸。伸缩缸被广泛应用于起重运输车辆、起重机、挖掘机等机械设备。伸缩缸可以是图 8-13a 所示的单作用式，也可以是图 8-13b 所示的双作用式，前者靠外力回程，后者靠液压回程。图 8-13c 所示为伸缩液压缸的实物图。

伸缩液压缸的外伸动作是逐级进行的。首先是最大直径的缸筒以最低的油液压力开始外伸，当其到达行程终点后，直径稍小的缸筒开始外伸，直径最小的末级缸筒最后伸出。随着工作级数的增大，外伸缸筒的直径越来越小，工作油液压力随之升高，工作速度变快。伸缩液压缸返回时，与伸出时的顺序相反，先是小直径缸筒返回，然后是大直

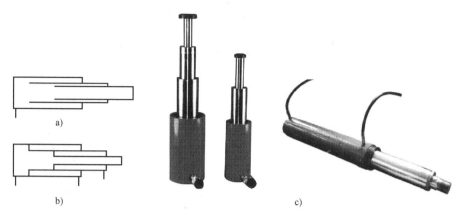

图 8-13　伸缩液压缸图形符号

a）单作用式　b）双作用式　c）实物图

径缸筒返回。

2. 平衡回路

平衡回路的功用在于防止垂直或倾斜放置的液压缸和与之相连的工作部件因自重而自行下落。

图 8-14 所示为采用单向顺序阀的平衡回路。调整顺序阀，使其开启压力与液压缸下腔有效面积的乘积稍大于垂直运动部件的重力。当 1YA 通电后活塞下行时，活塞就可以平稳地下落；当换向阀处于中位时，活塞就停止运动，不再继续下移，处于平衡状态。在这种回路中，当活塞向下快速运动时，功率损失大。活塞锁住时，活塞和与之相连的工作部件会因单向顺序阀和换向阀的泄漏而缓慢下落。因此，这种回路只适用于工作部件重量不大且不变化，活塞锁住时对定位精度要求不高的场合。

图 8-15 所示为采用液控顺序阀的平衡回路。当 1YA 得电时，控制液压油打开液控顺序

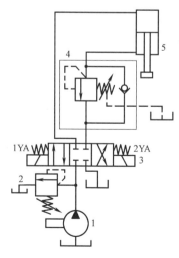

图 8-14　采用单向顺序阀的平衡回路

1—液压泵　2—溢流阀　3—三位四通电磁阀
4—单向顺序阀（平衡阀）　5—液压缸

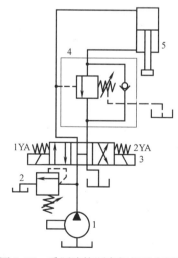

图 8-15　采用液控顺序阀的平衡回路

1—液压泵　2—溢流阀　3—三位四通电磁阀
4—液控单向顺序阀（平衡阀）　5—液压缸

阀，背压消失，活塞下行；当停止工作时，由于换向阀采用了 H 型（也可用 Y 型）中位机能，故液控顺序阀控制油口的压力为零，液控顺序阀关闭，活塞和工作部件处于平衡状态。由于液控顺序阀的启闭仅与控制油口的压力有关，因此当负载发生变化时，活塞和工作部件仍处于平衡状态。这种平衡回路的优点是只有上腔进油时活塞才下行，比较安全可靠；其缺点是活塞下行时平稳性较差。这种回路适用于运动部件重量有变化的液压系统。

3. 多路换向阀

多路换向阀也称多路阀（图 8-16），它将两个以上的阀块组合在一起，用以操纵多个执行元件的运动。多路换向阀可根据液压系统不同的要求，把安全阀、过载阀、补油阀、分流阀、制动阀、单向阀等组合在一起，所以其结构紧凑、管路简单、压力损失小，且安装简单，因此，多用于工程机械、运输机械和其他要求操纵多个执行元件运动的行走机械。多路换向阀有整体式和分

图 8-16 多路换向阀

片式（组合式）两种；按照油路连接方式不同，多路阀可分为并联、串联、串并联及复合油路；其卸载方式有中位卸载和安全阀卸载两种方式。

疑难诊断

问题 1：系统压力不上升，试分析可能的原因并说明解决措施。

答：1）油箱：油位低（吸空），液压油变质、污染或油温过高；视情况补充或更换液压油。

2）液压泵：转速不正常，零件磨损或损坏使其容积效率下降；视情予以修理。

3）溢流阀：由于调节螺钉松动使其调定压力降低，阀座表面损坏或有灰尘，阀门卡在打开位置，针阀磨损，弹簧变形或损坏；视情进行调整或修复。

4）多路旋转接头：密封圈损坏，套筒及中心轴损坏；视情修理或更换。

5）压力表：读数不准确；更换压力表。

问题 2：起吊时，吊臂变幅系统动作缓慢或不动，试分析可能的原因并说明解决措施。

答：1）溢流阀：由于调节螺钉松动使其调定压力降低，阀座表面损坏或有灰尘，阀门卡在打开位置，针阀磨损，弹簧变形或损坏；视情况进行调整或修复。

2）手动控制阀：阀杆磨损，阀内部损坏；视情况进行修复。

3）多路旋转接头：密封圈损坏，中心轴及套筒损坏；视情况更换或修理。

总结评价

通过以上的学习，对实践课题的完成情况和相关知识的了解情况作出客观评价，并填写表 8-6。

表 8-6　汽车起重机液压系统的识读任务评价

序号	评价内容	达标要求	自评	组评
1	汽车起重机	熟悉汽车起重机的工作过程,了解其工作特点,熟悉汽车起重机液压系统维护常识		
2	汽车起重机液压系统	熟悉汽车起重机液压系统原理图中各液压元件的功能,能按原理图及动作程序表描述不同工况下油液的流向		
3	简单故障的排除	能判断简单故障,并予以排除		
4	文明实践活动	遵守纪律,按规程活动		
总体评价				
再学习评价记载				

课后思考

1. 汽车起重机液压系统包括哪些基本回路?

2. 汽车起重机液压系统具有哪些性能特点?

附　　录

附录 A　　常用液压与气动元件图形符号（摘自 GB/T 786.1—2009）

常用液压与气动元件图形符号见附表 1~附表 9。

附表 1　图形符号的基本要素

描　述	图　形	描　述	图　形
供油管路、回油管路、元件外壳和外壳符号	0.1M	压力阀符号的基本位置由流动方向决定,供油口通常画在底部	
组合元件框线	0.1M	两个流体管路的连接	0.75M
位于溢流阀内的控制管路	2M 1M 3M 45°	控制管路、泄油管路、冲洗管路、放气管路	0.1M
		软管总成	
位于减压阀内的控制管路	45° 4M 1M 2M	先导式减压阀内的控制管路	45° 4M 1M 2M

（续）

描　述	图　形	描　述	图　形
控制机构应画在矩形或长方形图的右侧,除非两侧均有		多路旋转接头两边接口都有 2M 的间隔,图中数字可自定义并扩展	
流体流过阀的路径和方向(1)		顺时针方向旋转指示箭头	
流体流过阀的路径和方向(2)		油缸弹簧	
单向阀座(小、大规格)		单向阀运动部分(小、大规格)	
节流器(小规格)流量控制阀,节流通道节流,取决于黏度		节流孔(小规格)节流孔,锐边节流孔节流,很大程度上取决于黏度	
不带单向阀的快换接头,图为断开状态			
控制管路或泄油管路接口		带双单向阀的快换接头,图为断开状态	

（续）

描　述	图　形	描　述	图　形
流体流动方向	30° 1M	泵的驱动轴位于左边（首选位置）或右边，且可延长 2M 的倍数	
活塞应距缸端盖 1M 以上，连接油口距缸符号末端应在 0.5M 以上	1M 0.5M 0.5M 8M	气压源	4M
双向旋转指示箭头	60° 9M	输入信号	F—流量 G—位置或长度测量 L—液位 P—压力或真空 S—速度或频率 T—温度 W—质量或力
控制元件:弹簧	2.5M 2M	马达的轴位于右边（首选位置），也可置于左边	
＊＊—输出信号 ＊—输入信号		液压源	4M

附表2　控制机构

描　述	图　形	描　述	图　形
带有分离把手和定位销的控制机构		单作用电磁铁,动作背向阀芯 单作用电磁铁,动作指向阀芯	
带有定位装置的推或拉控制机构			
电气操纵的气动先导控制机构		双作用电气控制机构,动作指向或背离阀芯	

（续）

描　述	图　形	描　述	图　形
气压复位,外部压力源		单作用电磁铁,动作背离阀芯,连续控制	
使用步进电动机的控制机构		单作用电磁铁,动作指向阀芯,连续控制	
用作单方向行程操纵的滚轮杠杆		具有可调行程限制装置的顶杆	
电气操纵的带有外部供油的液压先导控制机构		手动锁紧控制机构	

附表3　单向阀、梭阀和方向控制阀

描　述	图　形	描　述	图　形
单向阀		二位三通液压电磁换向座阀,(二位三通电磁球阀)	
梭阀(或门)		先导式液控单向阀,带有复位弹簧,先导压力允许在两个方向自由流动	
二位二通方向控制阀,两位,推压控制机构,弹簧复位,常闭		双压阀(与门)	
二位二通方向控制阀,两位,电磁铁操纵,弹簧复位,常开			
二位四通方向控制阀,电磁铁操纵,弹簧复位		二位三通方向阀,滚轮杠杆控制,弹簧复位	
二位三通方向控制阀,单电磁铁操纵,弹簧复位,定位销式手动定位		三位四通方向控制阀,电磁铁操纵先导级和液压操作主阀,主阀及先导级弹簧对中,外部先导供油和先导回油	
二位四通方向控制阀,双电磁铁操纵,定位销式(脉冲阀)		三位四通方向控制阀,弹簧对中,双电磁铁直接操纵	

（续）

描 述	图 形	描 述	图 形
三位四通方向控制阀,液压控制,弹簧对中		先导式伺服阀,带主级和先导级的闭环位置控制,集成电子器件,外部先导供油和回油	
三位五通方向控制阀,定位销式各位置杠杆控制		双单向阀,先导式	
二位五通气动方向阀,单作用电磁铁,外部供气先导,手动操纵,弹簧复位		快速排气阀	
直动式比例方向控制阀		延时控制气动阀	
二位五通方向控制阀,踏板控制			

附表4 压力控制阀

描 述	图 形	描 述	图 形
溢流阀,直动式,开启压力由弹簧调节		气动内部流向可逆调压阀	
二通减压阀,直动式,外泄型		气动外部控制顺序阀	
二通减压阀,先导式,外泄型		直控式比例溢流阀,通过电磁铁控制弹簧工作长度来控制液压电磁换向座阀	
电磁溢流阀,先导式,电气操纵设定压力		直控式比例溢流阀,电磁力直接作用于阀芯上,集成电子器件	

（续）

描　　述	图　　形	描　　述	图　　形
单向顺序阀		比例溢流阀,先导控制,带电磁铁位置反馈	

附表 5　泵和马达

描　　述	图　　形	描　　述	图　　形
变量泵		双向流动,带外泄油路单向旋转的变量泵	
空气压缩机		单向旋转的定量泵或马达	
双向变量泵或马达单元,双向流动,带外泄油路,双向旋转		限制摆动角度,双向流动的摆动执行器或旋转驱动	
变量泵,先导控制,带压力补偿,单向旋转,带外泄油路		单作用的半摆动执行器或旋转驱动	
连续增压器,将气体压力 p_1 转换为较高的液体压力 p_2		真空泵	
马达		变方向定流量双向摆动马达	

附表 6   流量控制阀

描　述	图　形	描　述	图　形
可调节流量控制阀		可调节流量控制阀,单向自由流动	
二通流量控制阀,可调节,带旁通阀,固定设置,单向流动,基本与黏度和压力差无关	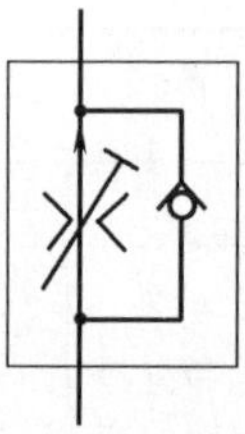	三通流量控制阀,可调节,将输入流量分为固定流量和剩余流量	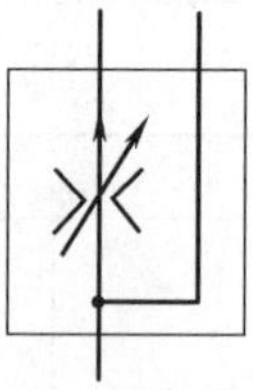
流量控制阀,滚轮杠杆操纵,弹簧复位	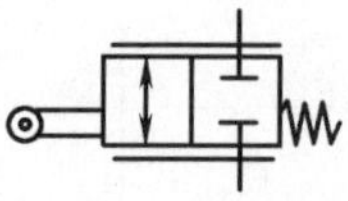	直控式比例流量控制阀	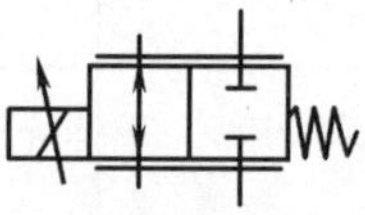
分流器	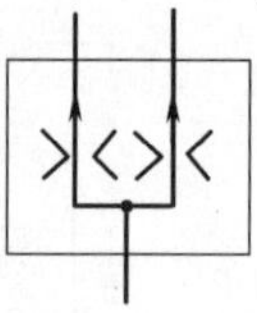	集流阀	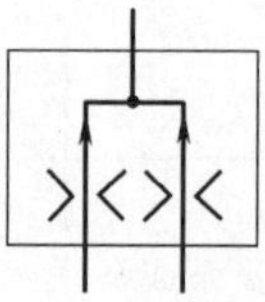

附表 7   插装阀

描　述	图　形	描　述	图　形
压力控制和方向控制插装阀插件,阀座结构,面积1:1	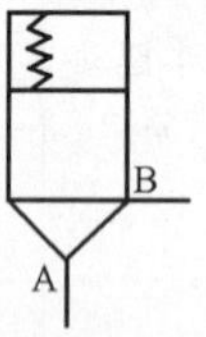	方向控制插装阀插件,带节流端的座阀结构,面积比例≤0.7	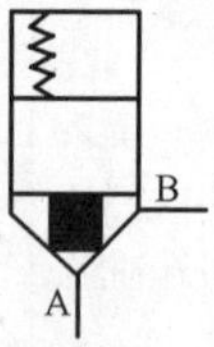
方向控制插装阀插件,带节流端的座阀结构,面积比例>0.7	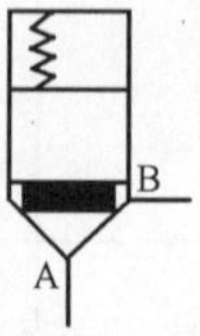	方向控制插装阀插件,座阀结构,面积比例≤0.7	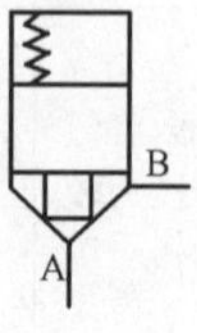
方向控制插装阀插件,座阀结构,面积比例>0.7	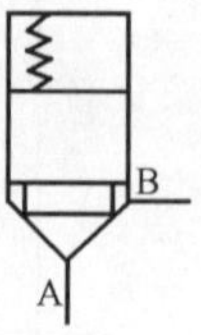	方向阀控制阀插件,单向流动,座阀结构,内部先导供油,带可替换的节流孔(节流器)	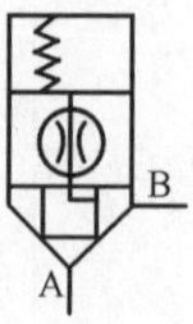

（续）

描 述	图 形	描 述	图 形
带溢流和限制保护功能的阀芯插件,滑阀结构,常闭	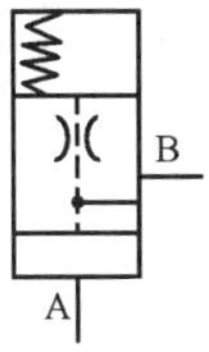	减压插装阀插件,滑阀结构,常开,带集成的单向阀	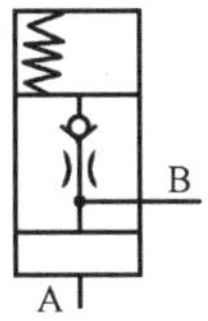
带先导端口的控制盖	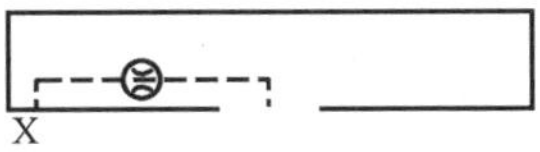	带先导端口的控制盖,带可调节行程的限位器和遥控端口	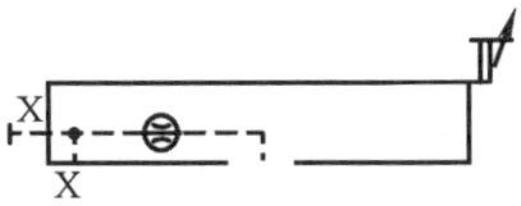
带溢流功能的控制盖	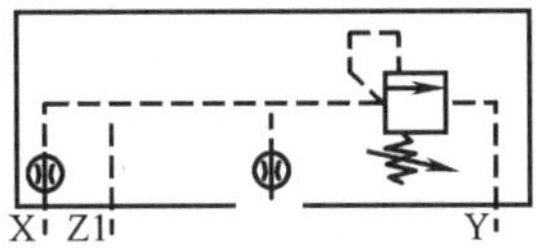	带行程限制器的二通插装阀	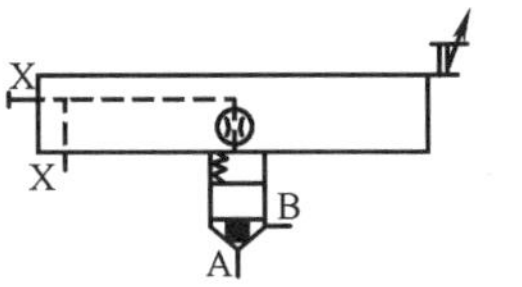

附表8　缸

描 述	图 形	描 述	图 形
单作用单杆缸	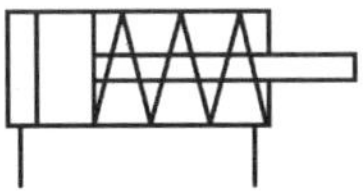	双杆双作用缸,左终点带内部限位开关,内部机械控制,右终点有外部限位开关,由活塞杆触发	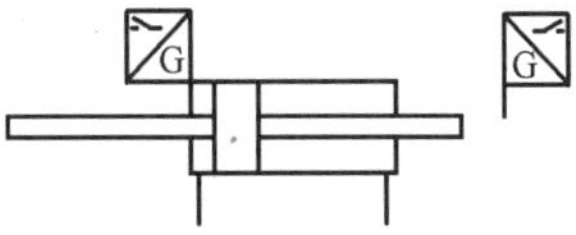
双作用双杆缸,活塞杆直径不同,双侧缓冲,右侧带调节	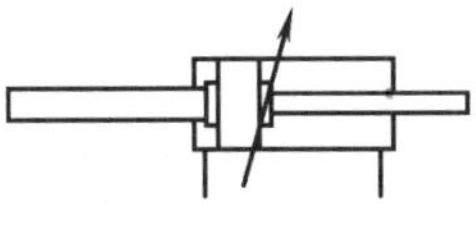	双作用单杆缸	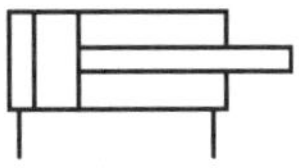
单作用缸,柱塞缸	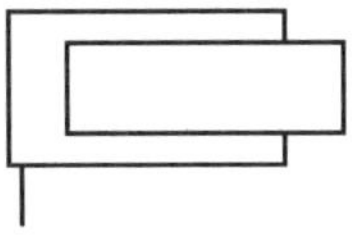	带行程限制器的双作用膜片缸	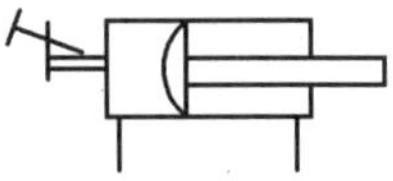
单作用伸缩缸	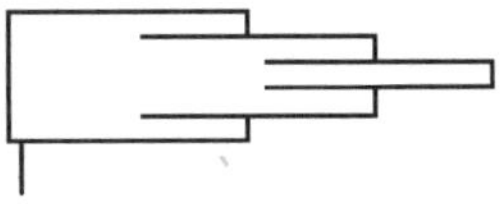	活塞杆终端带缓冲的单作用膜片缸,排气口不连接	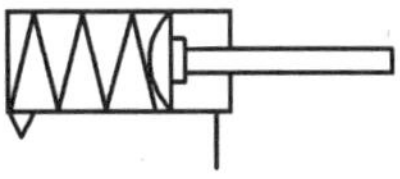
行程两端定位的双作用缸	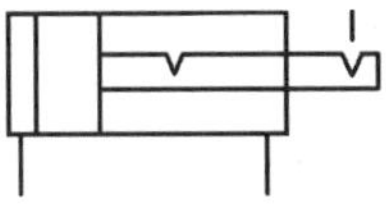	双作用伸缩缸	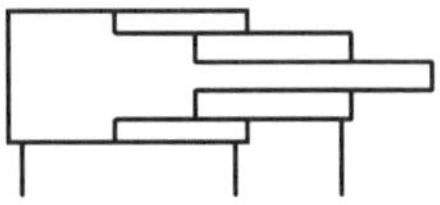

（续）

描　述	图　形	描　述	图　形
双作用磁性无杆缸，仅右边终端位置切换	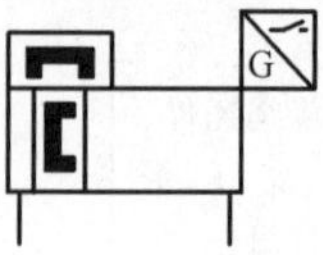	永磁活塞双作用夹具	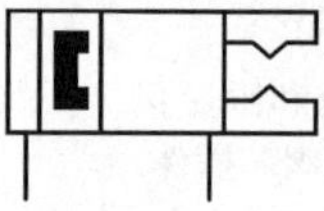
单作用压力介质转换器	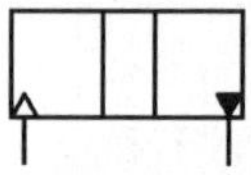	单作用增压器	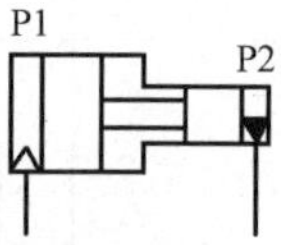 P1　P2

附表 9　附件

描　述	图　形	描　述	图　形
可调节的机械电子压力继电器		空气干燥器	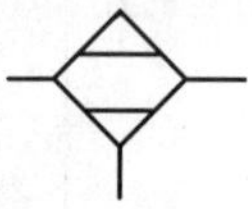
温度计		输出开关信号、可电子调节的压力转换器	 P
压力表		流量计	
离心式分离器	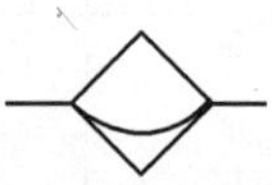	过滤器	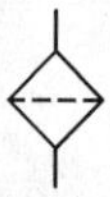
气源处理装置（气动三联件）上图为详细示意图，下图为简化图	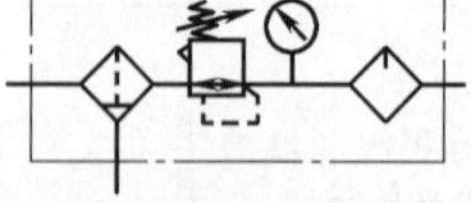 	带光学阻塞指示器的过滤器	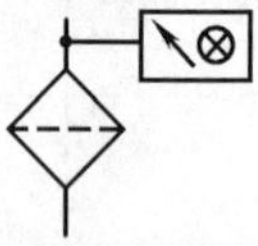
		不带压力表的手动排水过滤器，无溢流	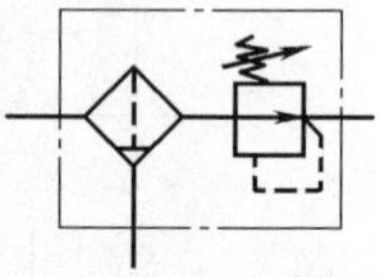
手动排水流体分离器	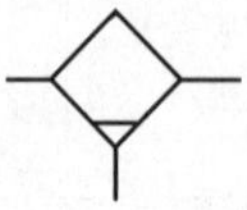	带手动排水分离器的过滤器	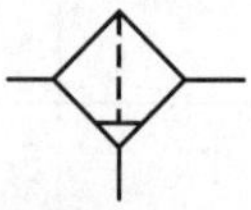
自动排水流体分离器	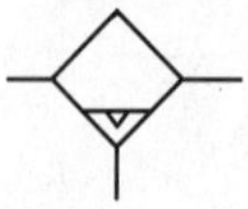	吸附式过滤器	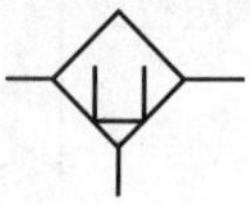

（续）

描　述	图　形	描　述	图　形
油雾器		手动排水式油雾器	
气罐		囊式蓄能器	
隔膜式充气蓄能器			
活塞式充气蓄能器		气瓶	

附录 B　常用液压与气动元件新、旧国家标准图形符号对比（附表 10）

附表 10　常用液压与气动元件在两种国标中的图形符号件

元件名称	GB/T 786.1—2009	GB/T 786.1—1993	元件名称	GB/T 786.1—2009	GB/T 786.1—1993
定量泵			单杆活塞缸		
单向变量泵			双杆活塞缸		
双向流动单向旋转变量泵			单作用单杆缸		
双作用马达			液控单向阀		

（续）

元件名称	GB/T 786.1—2009	GB/T 786.1—1993	元件名称	GB/T 786.1—2009	GB/T 786.1—1993
单向定量马达			双单向阀(液压锁)		
双向变量马达			单向调速阀		
直动式溢流阀			分流阀		
先导式溢流阀			调速阀		
直动式减压阀			电磁阀		
先导式减压阀			电液阀		
直动式顺序阀			液动阀		
溢流调压阀			不带单向阀的快换接头		

（续）

元件名称	GB/T 786.1—2009	GB/T 786.1—1993	元件名称	GB/T 786.1—2009	GB/T 786.1—1993
直动式电液比例阀			带单向阀的快换接头		
压力继电器			弹簧	2.5M 2M	

附录 C　　FluidSIM 液压气动仿真软件简介

一、FluidSIM 软件设计界面（附图 1）

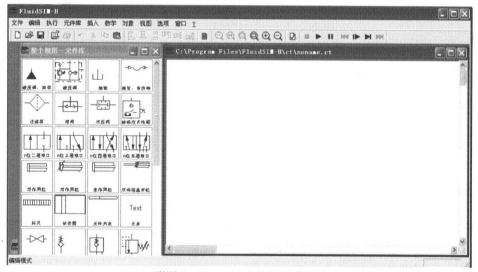

附图 1　FluidSIM-H 软件设计界面

FluidSIM 软件的设计界面简单易懂，窗口顶部的菜单栏列出了仿真和新建回路图所需的功能，工具栏给出了常用菜单功能，窗口左边显示出 FluidSIM 的整个元件库。状态栏位于窗口底部，用于显示操作 FluidSIM 软件期间的当前计算和活动信息。在 FluidSIM 软件中，操作按钮、滚动条和菜单栏与大多数 Microsoft Windows 应用软件相似。

二、液压与气动回路的设计与仿真

1. 对现有回路进行仿真

FluidSIM 软件中含有许多回路图，作为演示和学习资料。单击 按钮或在"文件"菜单下执行"浏览"命令，弹出包含现有回路图的浏览窗口，如附图 2 所示。双击要选择的回路，即可打开该回路，单击 ▶ 按钮或在"执行"菜单下执行"启动"命令，即可对该回路进行仿真。

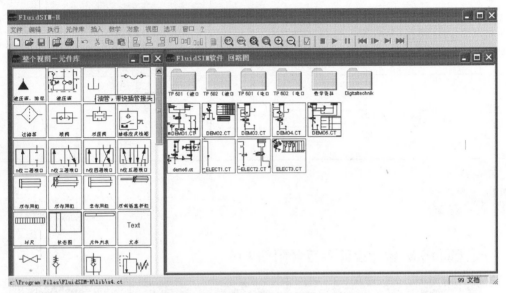

附图 2　包含现有回路图的浏览窗口

2. 对自行设计回路进行仿真

单击 □ 按钮或在"文件"菜单下执行"新键"命令，可新建空白绘图区域，以打开一个新窗口，如附图 1 所示；然后可以使用鼠标从元件库中将元件"拖动"和"放置"在绘图区域中。以附图 3 所示为例，回路中采用了一个双作用液压缸、一个二位四通电磁换向阀和一个溢流阀，双击各液压元件可改变它们的属性，换向阀电磁铁的通断电靠左侧图中的电气开关来控制，右侧的状态图用来记录液压缸和换向阀的状态。

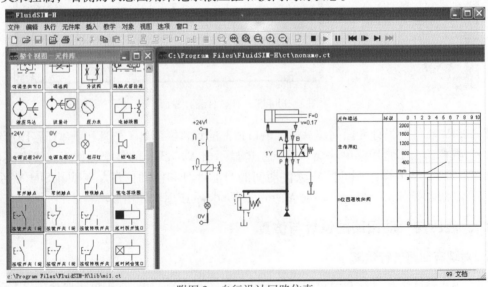

附图 3　自行设计回路仿真

三、演示文稿

在 FluidSIM 软件提供了许多演示文稿，还可以通过 FluidSIM 软件编辑或新建演示文稿。在"教学"菜单下执行"演示文稿"命令，可以找到所有演示文稿，如附图 4 所示。

四、播放教学影片

FluidSIM 软件光盘中含有 15 个教学影片，每个影片的长度为 1~10min，其中覆盖了电气-液压技术的一些典型应用领域。在"教学"菜单下执行"教学影片"命令，即可弹出附图 5 所示的"教学影片"对话框。

附图 4　演示文稿

附图 5　教学影片

附录 D　气动与液压实训装置配置要求

1. 小型液压泵站

小型液压泵站包括定量和变量叶片液压泵各 1 台，以及油箱、过滤器、加热器、冷却器、调压阀及阀座、压力表、控制电路。

2. 小型空气站

小型空气站包括空气压缩机 1 台、后冷却器 1 个、排水流体分离器 1 个、储气罐 1 个、空气干燥器、控制电路、气源调节装置 1 组。

3. 继电控制模块

4. PLC 控制模块

PLC 控制模块的输入输出要求在 24 点以上。

5. 其他液压元件

1）直动溢流阀、先导溢流阀、先导减压阀、顺序阀、单向顺序阀、液控顺序阀、压力继电器。

2）单向阀、液控单向阀、双向液压锁、三位四通手动换向阀（O 型）、三位四通电磁阀、三位五通电磁阀、三位四通液动阀、三位四通电液动换向阀、二位二通电磁阀、二位三通电磁阀、二位四通电磁阀、二位三通行程阀、多路换向阀。

3）节流阀、调速阀、单向调速阀、单向节流阀。

4）管接头、铜管、软管、压力表及转换开关、蓄能器、流量计。

5）活塞式单杆双作用液压缸、液压马达、摆动缸、伸缩缸。

6）行程开关。

7）齿轮泵、柱塞泵。

6. 其他气动元件

1）消声器、气管及管接头。

2）快速排气阀、梭阀、双压阀。

3）手动二位换向阀（带定位、自动复位；二通、三通、五通），二位行程阀（二通、三通），单电控二位阀（二通、三通、五通），双电控二位阀（二通、三通、五通），单气控二位阀（二通、三通、五通），双气控二位阀（二通、三通、五通）。

4）节流阀、单向节流阀、快速排气阀、延时阀、排气节流阀。

5）压力顺序阀、压力开关、减压阀。

6）真空发生装置、真空计。

7）单作用气缸、双作用单杆气缸、气马达、摆动气缸、无杆气缸、真空吸盘、气爪。

8）压力表、流量计。

9）接近开关。

10）气动机械手系统。

参 考 文 献

［1］ 雷天觉. 新编液压工程手册［M］. 北京：北京理工大学出版社，1998.
［2］ 薛祖德. 液压传动［M］. 北京：中央广播电视大学出版社，1995.
［3］ 左健民. 液压与气压传动［M］. 北京：机械工业出版社，1996.
［4］ 沈向东，李芝. 液压与气动［M］. 2版. 北京：机械工业出版社，2009.
［5］ 嵇光国，吕淑华. 液压系统故障诊断与排除［M］. 北京：机械工业出版社，1990.
［6］ SMC（中国）有限公司. 现代实用气动技术［M］. 北京：机械工业出版社，1998.
［7］ 徐炳辉. 气动手册［M］. 上海：上海科学技术出版社，2005.
［8］ 徐永生. 液压与气动［M］. 2版. 北京：高等教育出版社，2007.
［9］ 张忠狮. 液压与气压传动［M］. 南京：江苏科学技术出版社，2006.
［10］ ［日］手嶋力. 液压机构［M］. 徐之梦，译. 北京：机械工业出版社，2013.
［11］ 潘玉山. 液压与气动［M］. 北京：机械工业出版社，2006.

气动与液压技术
习题册

班级：＿＿＿＿＿＿＿＿

姓名：＿＿＿＿＿＿＿

学号：＿＿＿＿＿＿＿

机 械 工 业 出 版 社

目　录

项目一　气动与液压传动实例

一、能力题（完成训练报告）

项目一　训练报告

训练人姓名		训练时间		训练地点	
同组训练人姓名		年级/专业		指导教师	
训练目标					
训练内容					
训练条件	主要硬件名称及型号				
	主要软件名称				
	主要工具名称				
	其他				
	任务 1		任务 2		
训练步骤					
重要结论					
审阅评价			指导教师： 年　月　日		

二、知识题

1. 填空题

（1）液压泵是一种_____装置，它将机械能转换为_____，是液压传动系统中的动力元件。

（2）_____、_____和_____是液压和气动系统控制与调节的关键要素。

（3）液压传动是_____的一种传动形式。

（4）气压传动是_____的一种传动形式。

（5）气压传动系统主要由_____、_____、_____、_____和工作介质（空气）五部分组成。

（6）液压系统中的辅助元件是用来_____、_____、_____等，以保证系统可靠、稳定地工作的装置。

2. 判断题

（1）与机械传动相比，液压传动效率高。　　　　　　　　　　　　　　　（　　）

（2）在同等输出功率下，液压传动装置具有体积小、重量轻、动态性能好等特点。

　　　　　　　　　　　　　　　　　　　　　　　　　　　　　　　　　（　　）

（3）液压传动受温度影响较大，不宜在高温或温度变化很大的环境中工作。（　　）

（4）液压传动不易获得很大的力和转矩。　　　　　　　　　　　　　　　（　　）

（5）液压传动和气压传动一样，均能实现过载自动保护。　　　　　　　　（　　）

（6）由于空气流动损失小，压缩空气可以集中供气，作远距离输送。　　　（　　）

（7）气压传动工作介质为空气，来源经济方便，用过之后可直接排入大气，不污染环境。

　　　　　　　　　　　　　　　　　　　　　　　　　　　　　　　　　（　　）

（8）气压传动具有动作迅速、反应快、管路不易堵塞的特点，且不存在介质变质、补充和更换等问题。　　　　　　　　　　　　　　　　　　　　　　　　　　（　　）

（9）由于空气具有可压缩性，所以气缸的动作速度受负载的影响比较大。（　　）

（10）气压传动系统工作压力较低（一般为 0.4~0.8MPa），系统输出动力较小。

　　　　　　　　　　　　　　　　　　　　　　　　　　　　　　　　　（　　）

（11）由于气压传动的工作介质——空气没有自润滑性，需要另设装置进行给油润滑。

　　　　　　　　　　　　　　　　　　　　　　　　　　　　　　　　　（　　）

（12）气压传动对环境适应性好，安全等级低，可用于易燃易爆场所。　　（　　）

3. 选择题

（1）下列关于液压传动特点说法错误的是（　　　）。

A. 可以在运行中实现大范围的无级调速

B. 运动平稳，易实现快速起动、制动和频繁换向

C. 操作控制方便、省力，易于实现自动控制、中远距离控制和过载保护

D. 液压系统故障便于查找，维护方便

（2）下列关于液压和气压传动描述正确的是（　　　）。

A. 均能实现远距离传动

B. 对工作环境适应性均好

C. 均能在高压情况下工作

D. 均能实现过载保护

4. 综合题

（1）结合实例，简述液压传动工作过程。

（2）结合实例，简述气压传动工作过程。

（3）根据自己的体验，简述气压和液压传动的不同。

项目二　工作介质及流体传动技术基础认知

一、能力题（完成训练报告）

项目二　训练报告

训练人姓名		训练时间		训练地点	
同组训练人姓名		年级/专业		指导教师	
训练目标					
训练内容					
训练条件	主要硬件名称及型号				
	主要软件名称				
	主要工具名称				
	其他				

	任务 1		任务 2	
	课题 1	课题 2		
训练步骤				
重要结论				

	任务 3		
	课题 1	课题 2	
训练步骤			
重要结论			

审阅评价	指导教师： 　　　年　　月　　日

二、知识题

1. 填空题

（1）液压油具有_____、_____、隔离磨损表面、虚浮污染物、控制元件表面氧化、冷却液压元件等功能。

（2）黏性是反映液体在_____（静止、流动）时，液体内摩擦力的性质，因此液体

3

在_____℃时，不呈现黏性。

（3）黏性的大小用黏度表示，黏度又分_____、_____和_____，其中_____在工业中常用来度量液体的黏性。L-HL32 号液压油表明该液压油在_____℃时其_____黏度的平均值是_____ mm²/s。

（4）液压油运动黏度与动力黏度的关系是_____。

（5）选择液压油时，不仅要考虑品种，有时合适的黏度更为重要，当运动速度低或配合间隙小时，宜采用黏度_____（较高、较低）的液压油，以减少_____损失；当工作压力高或温度高时，宜采用黏度_____的液压油，以减少_____损失。

（6）_____称为黏温特性。

（7）过滤器的功用是_____，保证系统正常地工作。

（8）按材料和结构形式的不同，过滤器可分为_____、_____、_____和烧结式过滤器等。

（9）在选择过滤器时，应考虑其_____、_____能力和_____等几个问题。

（10）油雾器是一种特殊的_____装置。它以_____为动力，将润滑油喷射成雾状并混合于压缩空气中，使压缩空气具有_____的能力。

（11）当相对湿度 φ = 0 时，表示_____空气；φ = 1 时，表示_____空气。通常情况下，气动技术中规定各种阀的相对湿度应小于_____%。

（12）后冷却器的结构形式有_____、_____、_____和管套式。

（13）后冷却器的作用就是将空压机出口的高温压缩空气冷却到_____℃，并使其中的_____，以便经_____排出。

（14）流体分离器的作用是_____，使压缩空气得到初步净化。

（15）压缩空气的干燥方法主要有_____和_____。

（16）气源净化装置主要有_____、_____、_____和后冷却器等。

（17）_____和_____是流体静力学和运动学中两个最基础的研究对象，也是流体传动中两个最重要的参数。

（18）_____，这就是帕斯卡原理或压力传递原理。

（19）压力的国际计量单位为_____或_____，其换算关系为_____。

（20）连续性原理的实质是_____守恒定律，它表明在同一管道中流动的液体，_____相等，流速与通流截面面积成_____比例。

（21）液压系统中的压力损失分为两类，一是_____，二是_____，当液体流经液压阀时，所产生的压力损失属_____。

（22）液体流经各种小孔时，流量公式表示为_____。

（23）沿程压力损失是_____的压力损失，这类压力损失是由_____引起的。

（24）局部压力损失是_____，在局部形成旋涡引起液体质点间，以及质点与固体壁面间相互碰撞和剧烈摩擦而产生的压力损失。

2. 判断题

（1）通常，泵的吸油口装精过滤器，出油口装粗过滤器。 （　）

（2）纸芯式过滤器比烧结式过滤器的耐压高。 （　）

（3）后冷却器中，冷却水的进入口应靠近压缩空气的流出口。 （　）

（4）安装气罐时，应使进气口在上、出气口在下，并尽可能加大进出口的距离。

（　）

（5）空气分子间的距离大，分子间的内聚力小，体积容易变化，与液体相比具有明显的可压缩性。 （　）

（6）一般情况压力对液压油黏度的影响不大，特别是在压力较低时，可不考虑。

（　）

（7）干空气就是理论上完全不含有水蒸气的空气。 （　）

（8）温度升高，空气的黏度增大。 （　）

（9）气罐不具有分离空气中的油、水等杂质的功能。 （　）

（10）液压系统压力的大小取决于液压泵的额定工作压力。 （　）

（11）液压系统某处有几个负载并联时，则压力的大小取决于克服负载的各个压力值中的最大值。 （　）

（12）如题图2-1所示的充满油液的固定密封装置中，甲乙两人用大小相等的力分别从两端去推原来静止的光滑活塞，那么，两活塞将向右运动。 （　）

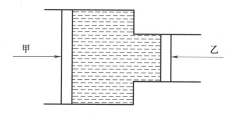

题图 2-1

（13）表压力是指正的相对压力，真空度是指负的相对压力。 （　）

（14）大多数测压仪表所测得的压力都是绝对压力，也称为表压力。 （　）

（15）作用在活塞上的推力越大，活塞的运动速度就越快。 （　）

（16）影响压力损失的主要原因是液体流速，所以液压传动系统中的流速不能太高。

（　）

（17）液压系统的流量等于横截面积与流体平均速度的乘积，与工作压力无关。（　）

（18）流量计仅能测量管路内流量，不能测量通过流体的总量。 （　）

3. 选择题

（1）关于液体特性的错误说法是（　　）。

A. 在液压传动中，液体可近似看作不可压缩。

B. 液体的黏度与温度变化有关，温度升高，黏度变大

C. 黏性是液体流动时，内部产生摩擦力的性质

D. 液压传动中，压力的大小对液体的流动性影响不大，一般不予考虑

（2）下列关于压力单位换算不正确的是（　　）。

A. 1bar=0.1MPa   B. 1bar=0.987atm

C. 1bar=1atm   D. $1N/m^2=1Pa$

（3）不利于控制压力损失的措施是（   ）。

A. 降低流速   B. 减小液体黏度

C. 缩短管路的长度，提高管壁的光滑度 D. 减小管径

（4）真空度应等于（   ）。

A. 绝对压力与大气压力之差   B. 大气压力与绝对压力之差

C. 相对压力与大气压力之差   D. 大气压力与相对压力之差

（5）如题图 2-2 所示，假定有两个液压缸 A 和 B，并以相同流量向 A 腔和 B 腔供油，则液压缸的活塞运动速度（   ）（直径和活塞行程完全相同）。

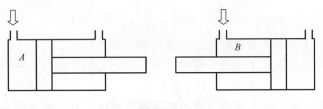

题图 2-2

A. 左快   B. 右快   C. 一样快   D. 不确定

（6）活塞有效作用面积一定时，活塞的运动速度取决于（   ）。

A. 液压缸中油液的压力   B. 负载阻力的大小

C. 进入液压缸的流量   D. 液压泵的输出流量

（7）静压力是指液体处于静止状态时，其单位面积上所受的法向作用力。这个法向是指（   ）。

A. 水平面的垂直向下方向   B. 与垂直面相垂直的水平方向

C. 任意选定平面的垂直方向   D. 都不正确

4. 综合题

（1）根据体会，列举气压传动采用集中供气有哪些优势？

（2）空气净化设施有哪些？它们在空气净化过程中起什么作用？

（3）分别绘制磁性过滤器、流量计、压力表、后冷却器、流体分离器、储气罐、空气过滤器的图形符号。

5. 简单运算题

已知某油液的动力黏度为 $\mu=3.0\times10^{-2}Pa\cdot s$，求它的运动黏度。

项目三　气源系统与气动执行元件认知

一、能力题（完成训练报告）

项目三　训练报告

训练人姓名			训练时间		训练地点	
同组训练人姓名			年级/专业		指导教师	
训练目标						
训练内容						
训练条件	主要硬件名称及型号					
	主要软件名称					
	主要工具名称					
	其他					
	任务 1			任务 2		
训练步骤						
重要结论						
审阅评价						
				指导教师： 年　月　日		

二、知识题

1. 填空题

（1）通常将_____、_____、_____称为气源处理装置，它具有_____、_____和_____三大功能。

（2）空气压缩机是气动系统的气压发生装置，它把原动机提供的_____转换成_____输送给_____。

（3）空气压缩机分_____和_____两大类。其中，容积式空气压缩机应用最广，其主要形式有_____空气压缩机、_____空气压缩机和_____空气压缩机。

（4）储气罐内压缩空气安全压力控制办法有利用_____和_____。

（5）气动软管管接头的种类、规格很多，常用的结构形式有_____管接头、_____管接头、_____管接头和宝塔式管接头等。

7

（6）供气系统管路主要包括_____管路、_____管路和_____管路。

（7）气缸按其功能可分为_____和_____；按压缩空气作用在活塞端面上的方向可分为_____和_____。

（8）普通气缸由_____、_____、_____、密封件和紧固件等组成。

（9）薄膜气缸因其膜片的变形量有限，故其行程_____，且气缸活塞上的输出力随着行程的加大而_____。

（10）气爪有_____、_____、_____、三点气爪等形式

（11）冲击气缸是把压缩空气的能量转化为_____的一种气缸。

（12）最常用的气动马达有_____、_____、_____三种。

（13）选择气缸时主要考虑_____、_____、_____和活塞（或缸体）运动速度。

2. 判断题

（1）选择油雾器的主要依据是气动装置所需的空气流量及油雾颗粒的大小。　（　　）

（2）油雾器最好不安装在换向阀与气缸之间，以免造成润滑油的浪费。　（　　）

（3）油雾器一般安装在过滤器、减压阀之后，且应尽量靠近需要润滑的气动元件部位，距离一般不超过5m。　（　　）

（4）气动软管是气动系统最主要的连接管件。　（　　）

（5）软管接头材料一般为黄铜或工程塑料。　（　　）

（6）气动执行元件是将气体压力能转换为机械能的装置。　（　　）

（7）单作用气缸单边进气，结构简单，耗气量小。　（　　）

（8）单作用气缸内安装了弹簧，增加了气缸长度，缩短了气缸的有效行程。　（　　）

（9）单作用气缸需借助弹簧力复位，使一部分压缩空气的能量用来克服弹簧张力，减小了活塞杆的输出力；而且输出力的大小和活塞杆的运动速度在整个行程中随弹簧的形变而变化。　（　　）

（10）单作用气缸多用于行程较短以及对活塞杆输出力和运动速度要求不高的场合。　（　　）

（11）标准气缸是符合国际标准 ISO 6430 等或国家标准 JB/T 6379—2007 的普通气缸。　（　　）

（12）不同厂商生产的符合国际标准的气缸，在使用中并不能完全互换。　（　　）

（13）气动马达具有较高的起动力矩，可以直接带负载起动。　（　　）

（14）气动马达与液压马达相比，可长时间满载工作，而温升较小，效率高。　（　　）

（15）气动马达工作安全，适用于恶劣的工作环境，使用过的空气也不需要处理，不会造成污染。　（　　）

（16）气动马达能够实现瞬时换向。只要简单地操纵气阀来变换进、出气方向，即能实现气马达输出轴的正转和反转的换接。　（　　）

（17）气动马达功率范围及转速范围较宽。其功率小到几百瓦，大到几万瓦，转速可以从零到25000r/min或更高。　（　　）

（18）气动马达具有输出功率小、耗气量大、效率低、噪声大和易产生振动等缺点。　（　　）

（19）气动马达是将机械能转换成压力能的装置。 （　　）

3. 选择题

（1）后冷却器一般安装在（　　）。

A. 空压机的进口管路上　　　　　　B. 空压机的出口管路上

C. 储气罐的进口管路上　　　　　　D. 储气罐的出口管路上

（2）下列不是气动软管特点的是（　　）。

A. 可挠性　　　　B. 吸振性　　　　C. 消声性　　　　D. 高强度性

（3）一般气动系统的工作压力为（　　），故应选用额定工作压力为 0.7~0.8MPa 的空气压缩机。

A. 0.1~0.2MPa　　B. 0.5~0.6MPa　　C. 0.7~0.8MPa　　D. 0.9~1MPa

（4）关于气动减压阀，描述错误的是（　　）。

A. 使出口压力保持基本稳定　　　　B. 在不工作时进出口是不通的

C. 通常安装在过滤器和油雾器之间　　D. 有直动式和先导式两种

（5）能使润滑油雾化后注入空气流中，并随空气进入需要润滑的部件，达到润滑目的的元件是（　　）。

A. 除油器　　　　B. 空气过滤器　　　C. 调压器　　　　D. 油雾器

4. 综合题

（1）依次说明气源处理装置的名称和用途，并说明其工作过程。

（2）空气压缩机在安装使用过程中应注意哪些事项？

（3）指出题图 3-1 所示供气系统的错误，正确布置并说明各元件的名称和作用。

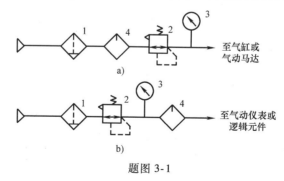

题图 3-1

（4）画出气源处理装置、气动马达、单叶片摆动气缸、薄膜气缸、单作用气缸、双作用气缸、气源装置和气动安全阀的图形符号。

项目四　气动控制元件及控制回路的组建与调试

一、能力题（完成项目训练报告）

项目四　训练报告

训练人姓名			训练时间		训练地点	
同组训练人姓名			年级/专业		指导教师	
训练目标						
训练内容						
训练条件	主要硬件名称及型号					
	主要软件名称					
	主要工具名称					
	其他					
	任务1			任务2		
	课题1	课题2				
训练步骤						
重要结论						
	任务3			任务4		
	课题1	课题2				
训练步骤						
重要结论						
	任务5			任务6		
	课题1	课题2				
训练步骤						
重要结论						
	任务7					
训练步骤						
重要结论						
审阅评价	指导教师： 　　　年　　月　　日					

二、知识题

1. 填空题

（1）气动直接控制是_____的动作控制。

（2）气动间接控制主要用于_____，控制要求比较复杂，控制信号不止一个，或者输入信号需要经过_____、延时等处理后才能控制执行元件动作的场合。

（3）气动换向阀按照控制方式可分为_____、_____、_____和机械控制换向阀；按阀芯结构不同可分为_____、_____和膜片式换向阀等。

（4）人力控制换向阀是依靠人力对阀芯位置进行切换的换向阀，它分为_____和_____两大类。

（5）气压控制换向阀是利用气体压力来使阀芯运动，从而改变气体流向的一种控制阀。其常用的控制方式有_____、_____、_____和差压控制等。

（6）一个换向阀的完整图形符号应表明_____数、_____数和在各工作位置上_____、操纵（控制）方式、复位方式和定位方式等。

（7）常见的消声器有三种形式：_____、_____和_____。其作用是_____。

（8）在逻辑控制上，双压阀又称为_____逻辑元件。

（9）在逻辑控制上，梭阀又称为_____逻辑元件。

（10）行程阀常见的操控方式有_____、_____、_____等。

（11）电磁控制换向阀按控制方式不同，分为_____电磁换向阀和_____电磁换向阀两种。

（12）行程开关也称为限位开关，包括_____和_____。

（13）在气动系统中，常用的位置检测无机械触点的接近开关有_____、_____、_____和_____开关。

（14）电气控制系统中的中间继电器是用来_____或_____的继电器。

（15）气动延时阀是利用_____和_____来调节换向阀气控口充气压力的变化率来实现延时的。它相当于电器元件时间继电器。

（16）延时阀是气动系统中的一种时间控制元件，它利用_____来实现延时。

（17）气动系统的速度控制方式有_____和_____两种。

（18）由于负载及供气的原因使活塞忽走忽停的现象，称为气缸_____。

（19）排气装置应设在气缸的_____位置。

（20）压力顺序阀由两部分组成，即一个_____和一个_____。

（21）利用气压信号来接通或断开电路的装置称为_____，或者称为_____器或_____。

（22）将低于大气压的压力称为_____。

（23）把在低于大气压下工作的气动元件，称为_____，它所组成的系统称为_____（或称_____）。

（24）真空系统一般由_____、_____、_____及辅助元件组成。

11

（25）为便于安装使用，将_____、_____、_____等真空元件组合在一起，称为真空发生器组件。

（26）采用梯形图编程时，PLC程序中的"与""或"逻辑运算利用触点的_____表示；"非"逻辑运算利用_____触点表示；逻辑运算结果利用_____的形式输出。

2. 判断题

（1）在气动系统工作的过程中，气缸、控制阀等气动元件将用过的压缩空气排向大气时，一般都要在排气口处设置消声器。 （　　）

（2）或门回路常用于需两地控制的回路。 （　　）

（3）在工作过程中，双电控电磁阀中的两个电磁铁不能同时通电，否则会产生误动作。 （　　）

（4）在工作过程中，双气控换向阀的两个气控口不能同时通气，否则会产生误动作。 （　　）

（5）在工作过程中，当双气控换向阀中的一个气控口通气时，另一个气控口必须与回气口相通，否则会产生误动作。 （　　）

（6）如题图4-1所示，若将两个常断式二位三通阀直接并联，能实现或门关系。 （　　）

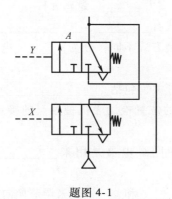

题图 4-1

（7）在无屏蔽的情况下，磁性接近开关和最近的气缸磁场之间的距离至少应为60mm。 （　　）

（8）磁性接近开关不能置于有强磁场的地方（如电焊机），以避免电磁场干扰。 （　　）

（9）使用节流阀和快速排气阀均是通过调节进入气缸的压缩空气的流量或气缸空气排出的流量来实现速度控制的。 （　　）

（10）排气节流阀必须装在执行元件的排气口处。 （　　）

（11）快速排气阀简称快排阀，是为加快气缸运动速度做快速排气用的。 （　　）

（12）有些元件在正压系统和负压系统中是能通用的，如管件接头、过滤器和消声器，以及部分控制元件。 （　　）

（13）当负载方向与活塞运动方向相反时，采用进气节流，活塞运动易出现"爬行"现象。 （　　）

12

（14）当负载方向与活塞运动方向一致时，采用进气节流，气缸易产生"跑空"现象。
（　　）

（15）采用排气节流，气缸速度随负载变化较小，运动平稳。（　　）

（16）采用排气节流，气缸能承受与活塞运动方向相同的负载。（　　）

（17）气-液阻尼缸虽能输出较稳定的运动速度，但速度无法调节。（　　）

（18）梯形图中的触点可以在程序中无限次使用，它不像物理继电器那样，受到实际安装触点数量的限制。
（　　）

（19）梯形图中的"连线"仅代表指令在 PLC 中的处理顺序关系，它不像继电器控制线路那样存在实际电流。
（　　）

3. 选择题

（1）下列不影响气缸速度的因素是（　　）。

A. 工作压力　　　　　B. 缸径大小　　　　　C. 节流阀开口大小　　D. 换向阀

（2）题图 4-2 所示的回路是一过载保护回路，当气缸过载时，最先动作的元件是（　　）。

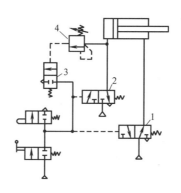

题图 4-2

A. 1　　　　　　　　　B. 2　　　　　　　　　C. 3　　　　　　　　　D. 4

（3）下列气动元件属于逻辑元件的是（　　）。

A. 与门型梭阀　　　　B. 快速排气阀　　　　C. 节流阀　　　　　　D. A 和 C

（4）下列梯形图属于"与"指令的是（　　）。

A. （×1 ×2 串联触点）　　B. （×1 ×2 并联触点）　　C. （×1 ×2 一常开一常闭）　　D. （×1 ×2 并联，×2常闭）

（5）下列电气控制属于"非"逻辑的是（　　）。

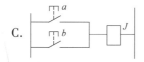

（6）下列电气控制与双压阀逻辑功能一样的是（　　　）。

（7）下列不具有记忆功能的是（　　　）。

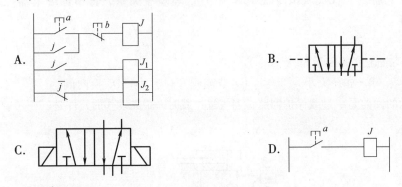

4. 综合题

（1）读出题图 4-3 所示的气动元件图形符号的名称。

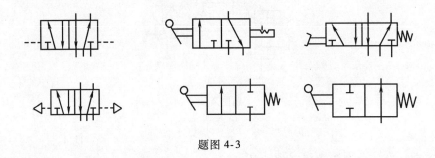

题图 4-3

（2）绘制梭阀、双压阀、压力顺序阀、延时阀、真空发生器、真空发生器组件的图形符号。

项目五　气动系统的识读与维护

一、能力题（完成训练报告）

项目五　训练报告

训练人姓名		训练时间		训练地点	
同组训练人姓名		年级/专业		指导教师	
训练目标					
训练内容					
训练条件	主要硬件名称及型号				
	主要软件名称				
	主要工具名称				
	其他				

	任务 1	任务 2
训练步骤		
重要结论		
审阅评价	指导教师： 年　月　日	

二、知识题

1. 填空题

（1）射芯机工作包括_____、_____、_____、_____、工作台下降、加砂等动作。

（2）气动设备在开机前要检查_____是否在正确位置，_____、_____、_____的位置是否正确、牢固。对_____、_____等外露部分的配合表面进行擦拭后方能开机。

（3）气压传动系统在换刀过程中实现_____、_____、_____、_____和插刀等动作。

（4）间隔_____需定期检修气动设备，_____应进行大修。

2. 判断题

（1）气动设备日常维护中需对冷凝水和系统润滑进行管理。　　　　　　（　　）

（2）气动设备开机前后要放掉系统中的冷凝水。　　　　　　　　　（　　）

（3）随时注意气动系统压缩空气的清洁度，定期清洗分水过滤器的滤芯。（　　）

（4）定期检验气动系统受压容器，对漏气、漏油、噪声等要进行防治。（　　）

3．综合题

（1）题图5-1所示为组合机床中的工件夹紧气压传动系统原理图，试分析和回答相关问题：

1）指出各元件的名称。

2）描述该气动系统完成怎样的工作循环。

3）当阀1位于右位时，请描述控制气路和主气路情况。

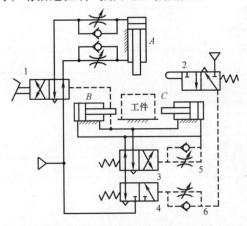

题图 5-1

A—定位气缸　B、C—夹紧气缸

（2）题图5-2所示为气动机械手的结构示意图。该系统由 A、B、C、D 四个气缸组成，能实现手指夹持、手臂伸缩、立柱升降和立柱回转等动作。其中，A 缸为抓取工件的夹紧缸；B 缸为长臂伸缩缸，可实现手臂的伸出与缩回动作；C 缸为立柱升降缸；D 缸为立柱回转缸，该气缸为齿轮齿条缸，有两个活塞，分别装在带齿条的活塞杆两端，齿条的往复运动带动立柱上的齿轮旋转，从而实现立柱及手臂的回转。题图5-3所示为该机械手完成动作的程序。题图5-4所示为气动机械手原理图。试分析该系统的压缩空气流向。

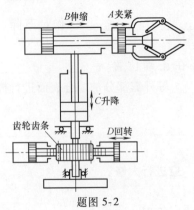

题图 5-2

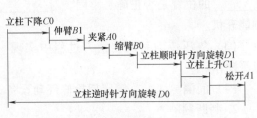

题图 5-3

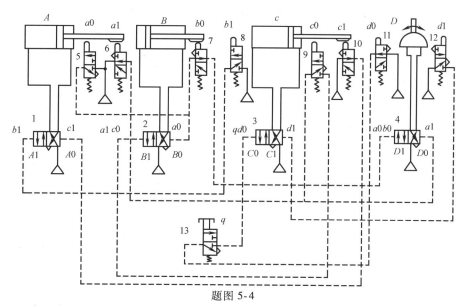

题图 5-4

1、2、3、4—主控换向阀　5、6、7、8、9、10、11、12—二位三通行程阀　13—起动阀

项目六　液压源系统与液压执行元件认知

一、能力题（完成训练报告）

项目六　训练报告

训练人姓名		训练时间		训练地点	
同组训练人姓名		年级/专业		指导教师	
训练目标					
训练内容					
训练条件	主要硬件名称及型号				
	主要软件名称				
	主要工具名称				
	其他				

	任务 1		任务 2
	课题 1	课题 2	
训练步骤			
重要结论			
审阅评价			指导教师： 　　年　　月　　日

二、知识题

1. 填空题

（1）靠_____的变化来完成吸、压油过程的液压泵称为_____泵。

（2）按结构形式分，常用的液压泵有_____、_____和_____等；按其输油方向能否改变，可分为_____和_____；按其在单位时间内所能输出油液的体积是否可调节，分为_____和_____两类；按其额定压力的高低，又可分为_____、_____和_____三类。

（3）液压泵必须具备_____、_____、_____和_____才能正常工作。

（4）液压泵的容积效率是该泵_____流量与_____流量的比值。

（5）CB 型外啮合齿轮泵存在_____、_____和困油等几方面问题。

（6）外啮合齿轮泵中，最为严重的泄漏途径是_____。

（7）和齿轮泵相比，柱塞泵的容积效率较_____（高、低），输出功率_____

（大、小），抗污染能力_____（强、弱）。

（8）限压式变量叶片泵适用于液压设备有_____以及_____的场合。

（9）柱塞泵按柱塞的排列和运动方向不同，可分为_____和_____两大类，其中以_____泵应用最广。

（10）液压站一般由_____、_____和_____等组合而成。

（11）油箱用来_____和_____及_____。

（12）管接头的种类很多，按通路数量和流向可分为_____、_____、三通和四通；按连接方式不同可分为_____、_____、卡套式等。

（13）液压缸是将_____转变为_____的转换装置，一般用于实现_____运动。

（14）液压缸按结构特点可分为_____、_____和_____三类。

（15）液压缸的输入量为_____、_____；输出量为_____、_____。

（16）对于柱塞式液压缸，不管柱塞是空心的还是实心的，也不管是柱塞运动还是缸体运动，其有效作用面积均为_____（活塞直径为 D，活塞杆直径为 d）。

（17）当缸体固定时，双杆活塞缸为实心双杆活塞缸，其工作台运动范围约为有效行程的_____倍。

（18）摆动式液压缸是输出_____并实现往复摆动的_____元件，也称为摆动式_____。

（19）柱塞式液压缸适用于_____的场合，是因为柱塞与缸筒不接触，缸筒内壁不需要精加工。

（20）液压马达按结构可分为_____、_____和_____三类。

（21）液压马达把_____能转换成_____能，输出的主要参数是_____和_____。

（22）缸体组件中，缸筒与端盖的连接形式很多，主要有_____、_____、_____、焊接式和螺纹式等。

（23）液压缸的_____是为了防止活塞在行程终了时和缸盖发生撞击。

（24）单叶片液压缸输出轴的摆角小于_____°，双叶片液压缸输出轴的摆角小于_____°，但其输出转矩是单叶片液压缸的_____倍。

（25）安装 Y 形密封圈时，一定要使唇口对着_____，才能起到密封作用。

（26）常用的液压元件密封装置有_____、_____和_____。

（27）液压马达是_____元件，输入的是压力油，输出的是_____和_____。

2. 判断题

（1）容积泵输油量的大小取决于密封容积变化量的大小。　　　　　（　）

（2）液压泵的额定压力应稍高于系统中执行元件的最高工作压力。　（　）

（3）液压泵的工作压力取决于负载而与自身的强度和密封性能无关。（　）

（4）齿轮泵的吸油腔就是轮齿不断进入啮合的那个腔。　　　　　　（　）

（5）双作用叶片泵的最大特点就是输出流量可以调节。　　　　　　（　）

（6）在尺寸较小、压力较低、运动速度较高的场合，液压缸的密封可采用间隙密封的方法。　　　　　　　　　　　　　　　　　　　　　　　　　　（　）

（7）液压泵的结构不同，其配流装置也不相同。　　　　　　　　　　（　　）

（8）双作用叶片泵泵轴受径向液压力是平衡的，又称为卸荷式叶片泵。（　　）

（9）单作用叶片泵泵轴受径向液压力是不平衡的，又称为非卸荷式叶片泵。（　　）

（10）双作用叶片泵也称为变量叶片泵，可实现变量。　　　　　　　　（　　）

（11）从原理上看，各种缓冲装置均在活塞运行接近端盖时减少流出液体的流量，从而实现减速缓冲。　　　　　　　　　　　　　　　　　　　　　　　　　　　（　　）

（12）液压系统中混入空气后会使其工作不稳定，产生振动、噪声、低速爬行，以及起动时突然前冲的现象。　　　　　　　　　　　　　　　　　　　　　　　　　（　　）

（13）间隙密封的优点是摩擦力小，缺点是磨损后不能自动补偿，主要用于直径较小的、有相对运动的圆柱面之间。　　　　　　　　　　　　　　　　　　　　　　　（　　）

（14）Y形密封圈适用于压力较高处的密封。　　　　　　　　　　　　（　　）

（15）液压马达的输出转矩与机械效率有关，而与容积效率无关。　　　（　　）

3. 选择题

（1）外啮合齿轮泵的特点是（　　　）。

A. 结构紧凑，流量调节方便

B. 存在径向不平衡力

C. 噪声较小，输油量均匀，体积小，重量轻

D. 价格低廉，工作可靠，自吸能力强，多用于低压系统

（2）CB型齿轮泵中泄漏的途径有三种，其中（　　　）对容积效率影响最大。

A. 齿轮端面间隙　　　B. 齿顶间隙　　　C. 齿顶间隙　　　　D. A+B+C

（3）液压泵的总效率通常等于（　　　）。

A. 容积效率×机械效率　　　　　　　　B. 容积效率/机械效率

C. 输出功率×输入功率　　　　　　　　D. 输出功率/输入功率

（4）液压泵的理论流量（　　　）实际流量。

A. 大于　　　　　　　　　B. 小于　　　　　　　C. 等于

（5）不能成为双向变量泵的是（　　　）。

A. 双作用叶片泵　　　　　　　　　　　B. 单作用叶片泵

C. 轴向柱塞泵　　　　　　　　　　　　D. 径向柱塞泵

（6）下列液压泵中属定量泵的是（　　　）。

A. 单作用叶片泵　　　　　　　　　　　B. 轴向柱塞泵

C. 径向柱塞泵　　　　　　　　　　　　D. 双作用叶片泵

（7）关于柱塞泵的特点，以下说法正确的是（　　　）。

A. 密封性能好，效率高、压力高　　　　B. 流量大且均匀，一般用于中压系统

C. 结构简单，对油液污染不敏感　　　　D. 造价较低，应用较广

（8）关于活塞组件描述错误的是（　　　）。

A. 整体式和焊接式结构简单、轴向尺寸小，但损坏后需整体更换

B. 锥销式易于加工，装配简单，但承载能力大

C. 螺纹式结构简单，拆卸方便，但螺纹加工会削弱活塞杆的强度

D. 卡环式连接强度高、结构复杂、装卸方便

（9）下列描述不是对密封装置要求的是（　　　）。

A. 自封性好，密封性能随着压力的增加能自动提高

B. 密封装置和运动件之间的摩擦阻力要小

C. 密封件耐蚀能力强，不易老化，密封件与液压油有良好的相容性

D. 结构复杂，才能提高密封性能

4. 综合题

（1）液压泵的工作压力取决于什么？泵的工作压力与额定压力有何区别？

（2）绘制定量泵、变量泵、液压源、单缸活塞缸、柱塞缸、双作用摆动缸、变量液压马达的图形符号。

5. 简单运算题

（1）有一液压泵在某工况时压力 $p = 4MPa$，泵的实际流量 $q = 50L/min$，试求：

1）当泵的输入功率 $P_{in} = 4kW$ 时，液压泵的总效率是多少？

2）已知泵压力为零，泵的流量 $q = 54L/min$，液压泵的容积效率和机械效率各等于多少？

（2）题图 6-1 所示为两个结构相同、相互串联的液压缸，无杆腔的面积 $A_1 = 100 \times 10^{-4}m^2$，有杆腔的面积 $A_2 = 80 \times 10^{-4}m^2$，缸 1 的输入压力 $p_1 = 0.9MPa$，输入流量 $q_1 = 12L/min$，不计摩擦损失和泄漏，求：

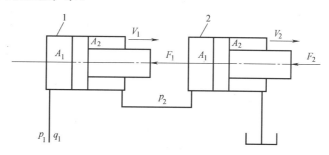

题图 6-1

1）两缸承受相同负载（$F_1 = F_2$）时，该负载的数值及两缸的运动速度。

2）缸 2 的输入压力是缸 1 的一半（$p_1 = 2p_2$）时，两缸各能承受多少负载？

3）缸 1 不承受负载（$F_1 = 0$）时，缸 2 能承受多少负载？

项目七　液压控制阀及基本回路的组建与调试

一、能力题（完成训练报告）

项目七　训练报告

训练人姓名			训练时间		训练地点	
同组训练人姓名			年级/专业		指导教师	
训练目标						
训练内容						
训练条件	主要硬件名称及型号					
	主要软件名称					
	主要工具名称					
	其他					

	任务1		任务2	
	课题1	课题2	课题1	课题2
训练步骤				
重要结论				

	任务3	任务4
训练步骤		
重要结论		

	任务5	任务6
训练步骤		
重要结论		

审阅评价	指导教师： 年　月　日

二、知识题

1. 填空题

（1）液压阀按照用途可分为_____、_____和_____三大类。

（2）单向阀的作用是_____。

（3）_____是方向控制基本回路的核心液压元件。

（4）常用方向阀的操作方式有_____、_____、_____、_____等。

（5）_____是利用控制油路中的液压油来改变阀芯位置的换向阀。它适用于流量_____的场合。

（6）采用不同的滑阀机能，会影响到阀在常态位置时系统的工作状态。当采用_____、M 型或 K 型机能时，液压泵卸载；采用_____和_____型机能时，液压缸锁紧。

（7）三位换向阀的常态是_____，按其各油口连通方式不同，常用的有_____、_____、_____、_____、_____等几种机能。

（8）在液压传动中，常用的方向控制回路有_____回路和_____回路。

（9）压力控制回路的核心元件是_____。

（10）溢流阀的作用主要有两个：一是_____，二是_____，因此，溢流阀可作为_____阀、_____阀、背压阀、卸荷阀等。

（11）溢流阀通常并接在液压泵的出口，用来保证液压系统的出口压力恒定时称为_____；用来限制系统压力的最大值时称为_____；还可以在执行元件不工作时使液压泵_____。

（12）溢流阀可分为直动式，溢流阀和_____溢流阀，其中以_____溢流阀应用最广。

（13）定压减压阀是利用阻尼孔使出口压力低于进口压力，并使_____基本不变的压力控制阀。

（14）流量控制阀是靠_____或通流通道的长短来控制_____的液压阀，简称流量阀。

（15）调速阀是由_____和_____串联而成的组合阀。

（16）节流阀在定量泵的液压系统中与溢流阀组合，组成节流调速回路，即_____、_____和_____节流调速回路。

（17）调速阀可使速度稳定，是因为其节流阀前后的压力差_____。

（18）在进油路节流调速回路中，确定溢流阀的溢流压力时应考虑克服最大负载所需要的压力，正常工作时溢流阀口处于_____（关闭、打开）状态。

（19）如果调速回路既要求效率高又要求有良好的低速稳定性，则可采用_____调速回路。

（20）双联叶片泵相当于由一大一小两个_____组合而成，有一个公共的_____和两个独立的_____。

（21）单杆活塞缸在其左、右两腔都接通液压油时称为_____连接。

（22）单杆液压缸差动连接时，液压缸有效作用面积为_____（活塞与活塞杆直径分别为 D 和 d）。

（23）单杆双作用液压缸差动连接时，活塞杆直径减小，作用力变_____（大、小），速度变_____（快、慢）。

（24）顺序阀按结构不同可分为直动式和先导式，按压力控制方式不同可分为_____和_____。

（25）蓄能器是液压系统中用来储存_____，当前应用最广泛的是_____式蓄能器。

（26）蓄能器的主要功能为向系统短时大量供油、_____、
_____等。

（27）顺序动作回路按其控制方式不同，分为_____、_____和_____三类，

（28）压力继电器是将压力信号转换为_____的转换元件。

（29）常用的行程控制顺序动作回路动作发信元件有_____、_____或顺序缸。

2. 判断题

（1）采用液控单向阀的闭锁回路比采用换向阀的闭锁回路的锁紧效果好。　　　（　　）

（2）当液控单向阀的控制口 K 处无压力油通入时，它的工作和普通单向阀一样。

（　　）

（3）卸荷回路用的主要液压元件是滑阀机能为"M""Y"型的三位四通换向阀或者二位二通换向阀。　　　（　　）

（4）高压大流量液压系统常采用电磁换向阀实现主油路的换向。　　　（　　）

（5）H 型中位机能可实现保压。　　　（　　）

（6）溢流阀在工作中阀口常开的做调压溢流阀用，阀口常闭的做安全阀用。　　　（　　）

（7）用先导式溢流阀进行调压只适用于低压系统。　　　（　　）

（8）通常减压阀的出口压力近于恒定。　　　（　　）

（9）从工作原理上看，顺序阀可以作为溢流阀用。　　　（　　）

（10）调节溢流阀中弹簧的压力，即可调节系统压力的大小。　　　（　　）

（11）囊式蓄能器原则上应垂直安装（油口向下），只有在空间位置受限制时才允许倾斜或水平安装。　　　（　　）

（12）蓄能器与管路系统之间应安装截止阀，以便在系统长期停止工作及充气、检修时，将蓄能器与主油路切断。　　　（　　）

（13）装在管路上的蓄能器须用支板或支架固定。　　　（　　）

（14）流量控制阀通过改变阀口通流面积的大小实现改变速度。　　　（　　）

（15）调速阀是由定比减压阀和节流阀串联而成的。　　　（　　）

（16）节流调速回路的特点是功率损失大，效率低，只适用于功率较小的液压系统。

（　　）

（17）节流阀和调速阀均能使通过的流量不受负载变化的影响。　　　（　　）

（18）采用节流阀的节流调速回路的共同缺点是执行元件的速度随负载的变化而发生较大的变化。　　　（　　）

（19）节流调速回路中，大量液压油由溢流阀回油箱，是能量损失大、温升高、效率低的主要原因。　　　（　　）

（20）为提高进油调速回路的运动平稳性，可在回油路上串接一个换装硬弹簧的单向阀。

（　　）

（21）同等条件下，进油路节流调速回路的效率要比旁油路节流调速回路高。　　　（　　）

（22）节流阀不如调速阀的流量控制稳定性好，只适用于执行元件工作负载不大且对速度稳定性要求不高的场合。　　　（　　）

3. 选择题

（1）若某三位换向阀的阀芯在中间位置时，压力油与液压缸两腔连通，回油封闭，则此阀的滑阀机能为（　　）。

A. P 型　　　　　　B. Y 型　　　　　　C. K 型　　　　　　D. O 型

（2）在液压回路中，采用三位四通换向阀使泵卸载，应选用（　　）中位机能。

A. P 型　　　　　　B. Y 型　　　　　　C. M 型　　　　　　D. O 型

（3）有一液压系统，其主换向阀是一个三位四通电磁换向阀，它的中位机能可使泵保压，而使液压缸成浮动状态，换向阀的中位机能应是（　　）。

A. H 型　　　　　　B. P 型　　　　　　C. Y 型　　　　　　D. M 型

（4）卸荷回路（　　）。

A. 可节省动力消耗，减少系统发热，延长液压泵寿命

B. 可采用滑阀机能为"O"或"H"型的换向阀来实现

C. 可使控制系统获得较低的工作压力

D. 不可用换向阀来实现卸载

（5）以下属于方向控制回路的是（　　）。

A. 换向和锁紧回路　　B. 调压和卸载回路　　C. 节流调速回路和速度换接回路

（6）设题图 7-1 中回路各阀的调整压力为 $p_1 > p_2 > p_3$，那么回路能实现（　　）调压。

A. 一级　　　　　　B. 二级　　　　　　C. 三级　　　　　　D. 四级

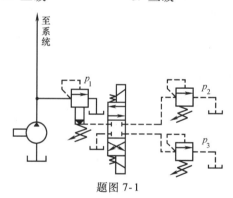

题图 7-1

（7）溢流阀的调定压力是指（　　）。

A. 将先导式溢流阀的远程控制口直接接油箱，当阀通过额定流量时，阀进、回油腔的压力差值

B. 当溢流阀开启压力一定，溢流阀达到额定流量时，进、回油腔的压力差值

C. 当调压弹簧全部放松，阀通过额定流量时，进、回油腔的压力差值

D. 溢流阀工作时，进、回油腔的压力差值

（8）与溢流阀的图形符号和动作原理相同的是（　　）。

A. 内控外泄顺序阀　　　　　　　　B. 内控内泄顺序阀

C. 外控外泄顺序阀　　　　　　　　D. 外控内泄顺序阀

（9）在液压系统中，当流量较大（$10.5 \times 10^{-4}\,\mathrm{m^3/s}$ 以上）时，阀芯移动的控制方式一般采用（　　）。

A. 手动控制　　　B. 机动控制　　　C. 电磁控制　　　D. 液动控制

（10）调速阀是用（　　　）而成的。

A. 节流阀和定差减压阀串联　　　　　　B. 节流阀和顺序阀串联

C. 节流阀和定差减压阀并联　　　　　　D. 节流阀和顺序阀并联

（11）液压缸差动连接工作时，缸的（　　　）。

A. 运动速度增加了　　　　　　　　　　B. 压力增加了

C. 运动速度减小了　　　　　　　　　　D. 压力减小了

（12）液压缸差动连接工作时活塞杆的速度是（　　　）。

A. $v = \dfrac{4q}{\pi d^2}$　　　　　　　　　　　　B. $v = \dfrac{2q}{\pi}\,(D^2 - d^2)$

C. $v = \dfrac{4q}{\pi D^2}$　　　　　　　　　　　D. $v = \dfrac{4q}{\pi}\,(D^2 - d^2)$

（13）液压缸差动连接工作时的作用力是（　　　）。

A. $F = p\,\dfrac{\pi}{2}\,(D^2 - d^2)$　　　　　　　B. $F = p\,\dfrac{\pi d^2}{2}$

C. $F = p\,\dfrac{\pi}{4}\,(D^2 - d^2)$　　　　　　　D. $F = p\,\dfrac{\pi d^2}{4}$

（14）所谓差动缸是指（　　　）。

A. 特殊连接的单活塞杆双作用液压缸　　B. 单活塞杆液压缸

C. 有杆腔面积与无杆腔面积成 2 倍关系　D. 输出流量比输入流量大的液压缸

（15）流量控制阀用来控制液压系统工作的流量，从而控制执行元件的（　　　）。

A. 运动方向　　　　B. 运动速度　　　　C. 压力大小

（16）与节流阀相比较，调速阀的显著特点是（　　　）。

A. 流量稳定性好　　　　　　　　　　　B. 结构简单，成本低

C. 调节范围大　　　　　　　　　　　　D. 最小压差的限制较小

（17）进油路和回油路节流调速相比，进油路节流调速具有下面（　　　）性能。

A. 能承受负值负载　　　　　　　　　　B. 运动平稳

C. 发热油回油箱　　　　　　　　　　　D. 起动平稳

（18）以下对回油节流调速回路描述正确的是（　　　）。

A. 广泛用于功率不大、负载变化较小或运动平稳性要求较高的液压系统

B. 调速特性与进油节流调速回路不同

C. 串接背压阀可提高运动的平稳性

D. 经节流阀而发热的油液不容易散热

（19）节流阀采用薄壁小孔型结构是为了（　　　）。

A. 减小压差和温度对通过节流阀流量的影响

B. 减小负载对通过节流阀流量的影响

C. 得到较大的稳定流量

D. 容易加工

（20）节流阀的理想节流口应尽量做成（　　　）式。

A. 薄壁孔　　　　　　B. 短孔　　　　　　C. 细长孔　　　　　　D. A 和 C

（21）以下关于容积节流调速的描述，正确的是（　　　）。

A. 主要由定量泵和调速阀组成

B. 工作稳定，效率较高

C. 在较低的速度工作时，运动不够稳定

D. 比进油、回油两种节流调速回路的平稳性差

（22）在进、回油节流调速回路中，若使节流阀起调速作用，在系统中必须有（　　　）。

A. 与之并联的溢流阀　　　　　　　B. 与之串联的溢流阀

C. 串联或并联的溢流阀　　　　　　D. 有无溢流阀没关系

（23）下列基本回路中，不属于容积调速回路的是（　　　）。

A. 变量泵和定量马达调速回路　　　B. 定量泵和定量马达调速回路

C. 定量泵和变量马达调速回路　　　D. 变量泵和变量马达调速回路

（24）下列关于液控顺序阀的叙述，正确的是（　　　）。

A. 阀打开后油压力可以继续升高　　B. 出油口一般通往油箱

C. 内部泄漏须通过出油口回油箱　　D. 不能作为卸荷阀使用

4. 综合题

（1）题图7-2所示为手动阀（先导阀）控制液动换向阀（主阀）的换向回路。与手动阀直接控制相比，该回路有何应用特点？

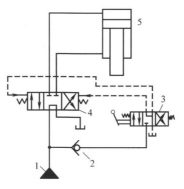

题图 7-2

1—液压源　2—单向阀　3—手动阀　4—液动换向阀　5—液压缸

（2）若先导式溢流阀主阀芯上的阻尼孔被污物堵塞，溢流阀会出现什么样的故障？如果溢流阀先导阀锥阀座上的进油小孔堵塞，又会出现什么故障？

（3）绘制二位三通电磁阀、三位五通液动换向阀、双向液压阀先导溢流阀、先导式减压阀、先导式顺序阀、节流阀、单向调速阀、单向顺序阀的图形符号。

（4）如题图 7-3 所示的回路中，溢流阀的调整压力为 5.0MPa，减压阀的调整压力为 2.5MPa，试分析下列情况，并说明减压阀阀口处于什么状态。

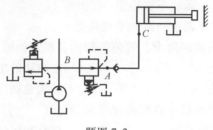

题图 7-3

1）当泵压力等于溢流阀调整压力时，夹紧缸使工件夹紧后，A、C 点的压力各为多少？

2）当泵压力由于工作缸快进压力降到 1.5MPa 时（工作原先处于夹紧状态），A、C 点的压力各为多少？

3）夹紧缸在夹紧工件前做空载运动时，A、B、C 三点的压力各为多少？

动作顺序表

电磁铁	1YA	2YA	3YA	4YA
夹紧				
快进				
工进				
快退				
松开				

5. 简单运算题

（1）如题图 7-4 所示，已知单杆液压缸的内径 $D = 50$mm，活塞杆直径 $d = 35$mm，泵的供油压力 $p = 2.5$MPa，供油流量 $q = 10$L/min，试求：

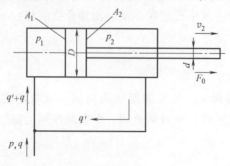

题图 7-4

1）液压缸差动连接时的运动速度和推力。

2）若不考虑管路损失，则实测 $p_1 \approx p$，而 $p_2 \approx 2.6$MPa，求此时液压缸的推力。

（2）如题图 7-5 所示，系统中的液压缸直径 $D = 70$mm，活塞杆直径 $d = 50$mm，工进时的外负载 $F = 15$kN，快进速度 $v_1 = 5$m/min，工进速度 $v_2 = 0.05$m/min，节流阀两端的压力差 $\Delta p = 0.5$MPa，其他损失不计，完成下列各题：

1）溢流阀的调定压力为_____ MPa。

2）工进时流过溢流阀的流量为_____ L/min。

3）该系统的调速回路使用的是_____，快进时，液压缸的连接形式为_____，原位停止时，使用了_____回路，系统中使用的行程阀的作用是_____。

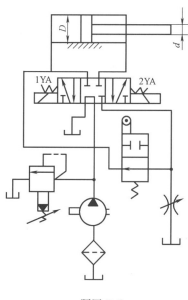

题图 7-5

项目八　液压传动系统的识读与维护

一、能力题（完成训练报告）

项目八　训练报告

训练人姓名		训练时间		训练地点	
同组训练人姓名		年级/专业		指导教师	
训练目标					
训练内容					
训练条件	主要硬件名称及型号				
	主要软件名称				
	主要工具名称				
	其他				
	任务 1			任务 2	
训练步骤					
重要结论					
审阅评价			指导教师： 年　月　日		

二、知识题

1. 填空题

（1）电液换向阀是由_____和_____组合而成的。

（2）工作进给速度换接回路有_____和_____两种。

（3）伸缩液压缸由两个或多个活塞缸套装而成，前一级活塞缸的活塞杆内孔是后一级活塞缸的_____，伸出时可获得很大的_____，缩回时可保持很小的_____。

（4）平衡回路的功用在于_____。

（5）多路换向阀也称_____，它将两个以上的阀块组合在一起，用以操纵_____执行元件的运动。

2. 判断题

（1）伸缩缸返回时与伸出时的顺序相反，先是小直径缸筒返回，后是大直径缸筒返回。
（　　）

（2）采用单向顺序阀的平衡回路只适用于工作部件重量不大且不变化、活塞锁住时定位精度要求不高的场合。
（　　）

（3）采用液控顺序阀的平衡回路适用于运动部件重量有变化的液压系统。（　　）

（4）在使用液压设备时，应随时注意油位和温升，一般油液的工作温度为 $30\sim60℃$ 较合理，最高不超过 $60℃$；发现异常升温时，应停车检查。冬天气温低，应使用加热器。
（　　）

（5）应保持液压系统液压油清洁，定期检查更换。对于新使用的液压设备，使用三个月左右就应清洗油箱、更换油液；以后每隔半年至一年进行一次清洗和换油。（　　）

（6）若液压设备长期不用，应将各调节手柄全部放松，防止弹簧产生永久变形。
（　　）

（7）注意液压设备过滤器的使用情况，定期清洗和更换滤芯。（　　）

（8）在清洗液压元件时，应用棉布擦洗。（　　）

3. 综合题

（1）液压机主要由上滑块机构和下滑块顶出机构组成。上滑块机构由主压缸（上缸）驱动，顶出机构由辅助液压缸（下缸）驱动。上滑块机构通过四个导柱导向、主缸驱动，实现上滑块机构"快速下行→慢速加压→延时保压→快速回程→原位停止"的动作循环。下缸布置在工作台中间孔内，驱动下滑块顶出机构实现"向上顶出→停留→向下退回"或"上位停留→浮动压边下行（即下滑块随上滑块短距离下降）→停止→顶出"的两种动作循环，如题图 8-1 所示。题图 8-2 所示为 3150kN 通用液压机液压系统图，下表为通用液压机液压系统动作循环表。试分析该系统液压油的流向。

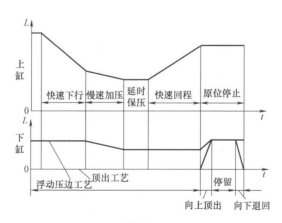

题图 8-1

	动作程序	1YA	2YA	3YA	4YA	5YA
上缸	快速下行	+	-	-	-	+
	慢速加压	+	-	-	-	-
	延时保压	-	-	-	-	-
	快速回程	-	+	-	-	-
	原位停止	-	-	-	-	-
下缸	顶出	-	-	+	-	-
	退回	-	-	-	+	-
	压边	+	-	-	-	-
	停留	-	-	-	-	-

注："+"表示电磁铁通电；"-"表示电磁铁断电。

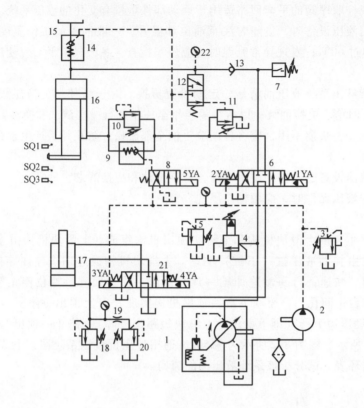

题图 8-2

1—主泵（压力补偿变量泵） 2—辅助泵 3、4、18—溢流阀 5—远程调压阀 6、21—电液换向阀
7—压力继电器 8—电磁换向阀 9—液控单向阀 10、20—背压阀 11—顺序阀 12—液控
滑阀 13—单向阀 14—充液阀 15—油箱 16—上缸 17—下缸 19—节流器 22—压力表

（2）题图 8-3 所示，为 X 射线机透视站位液压系统原理图。图中，系统的执行器为荧
光屏和受检查者站立的转盘，荧光屏可上下升降，而转盘除上下升降外还可回转。该系统可
实现"荧光屏升降—转盘升降—转盘回转—系统卸荷"的工作过程。各动作也可单独进行，
以方便身体各个部位检查。已知液压泵 1 的额定压力为 2.5MPa，额定流量为 40L/min，元
件 2 的调定压力为 1.6MPa；液压缸 15、17 的规格相同，活塞面积均为 0.01m^2，各缸的上
升速度等于下降速度。试回答下列问题：

1）元件 2 的名称是_____，元件 16 的名称是_____，属于液压传动的_____
部分。

2）元件_____（填元件序号）的作用是平衡人体的自重，其名称是_____。

3）转盘的速度是通过元件_____（填元件序号）控制的。其内部结构由_____和
可调节流阀_____（串联、并联）组合而成。

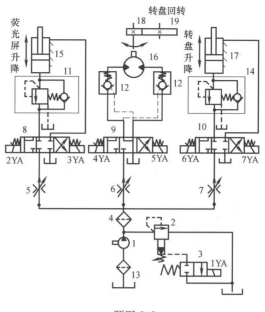

题图 8-3

4）该液压系统分别采用_____和_____构成执行元件闭锁回路。

5）该液压系统_____（有、无）顺序动作回路。

6）各动作单独运行时，在下表填写与"荧光屏升降、转盘回转及停止卸荷"相关的电磁铁动作状态（电磁铁得电用+表示，失电用-表示）。

动作	电磁铁状态						
	1YA	2YA	3YA	4YA	5YA	6YA	7YA
荧光屏上升							
荧光屏下降							
转盘顺时针转							
转盘逆时针转							
转盘上升							
转盘下降							
停止卸荷							

7）系统中，液压缸的往复运动范围约为有效行程的_____倍。

8）若缸 15 单独运动时，速度为 4m/min，各种损失不计，则上升时，流过元件 5 的流量是_____ L/min；下降时，流过元件 2 的流量是_____ L/min。

9）若油液流过阀 7 的压力损失 ΔP 为 0.6MPa，其他压力损失不计，则缸 17 上升时，顶起的重量为_____ kN。

10）若荧光屏的自重为 6kN，为防止荧光屏自行下滑，则元件 11 的最小调定压力为_____ MPa。